AF611439

TABLEAUX

D'ANALYSE QUALITATIVE

DES SELS

PAR VOIE HUMIDE

DU MÊME AUTEUR

Précis d'analyse quantitative, un volume in-8° de 500 pages, avec 99 figures . . . . **12 fr.**

Traité des altérations et falsifications des substances alimentaires, en collaboration avec M. Eug. Collin, un volume in-8° de 1200 pages, avec 634 figures . . . . **20 fr.**

TABLEAUX
D'ANALYSE QUALITATIVE
DES SELS
PAR VOIE HUMIDE

PAR

A. VILLIERS
Professeur de Chimie analytique à l'École supérieure de Pharmacie.

Quatrième édition, revue, corrigée et augmentée.

AVEC FIGURES DANS LE TEXTE

PARIS
OCTAVE DOIN, ÉDITEUR
8, PLACE DE L'ODÉON, 8

1904

TABLEAUX

D'ANALYSE QUALITATIVE DES SELS

PAR VOIE HUMIDE

AVANT-PROPOS

Les méthodes d'analyse qualitative sont d'une application constante dans les recherches de laboratoire ; mais leur étude ne doit pas être faite seulement à un point de vue pratique ; elle présente, en effet, un grand intérêt théorique ; l'examen approfondi des réactions que l'on utilise pour la séparation des sels nous fait voir d'une manière frappante les analogies et les différences des métaux ou des acides et en grave dans notre mémoire les caractères essentiels ; il nous montre que ces corps, les métaux surtout, peuvent être groupés d'après les systèmes de classification fort divers, classifications plus ou moins naturelles, mais souvent plus fécondes que celles dont on fait usage dans l'étude de la chimie pure, et dont le principe est plus exclusif. La discussion et l'application des méthodes de l'analyse qualitative peuvent exercer sur l'éducation scientifique du chimiste la plus heureuse influence ; elles peuvent lui inspirer ensuite bien des idées nouvelles. Aussi occupent-elles, à très juste titre, une large place dans l'enseignement pratique de la chimie.

Parmi les traités d'analyse qualitative qui existent actuellement en petit nombre, les uns contiennent des explications trop écourtées; d'autres renferment des détails abondants, mais qui rendent l'étude plus ou moins pénible. Nous avons cherché autant que possible à éviter ce double écueil.

Désirant avant tout faire un travail utile aux commençants, nous nous sommes limité, dans les tableaux que nous publions ici, à la détermination des métaux et des acides les plus communs, éliminant à dessein ceux qui, en réalité, ne se présentent presque jamais à la recherche du chimiste et dont l'introduction aurait trop compliqué les méthodes de séparation.

Les tableaux de Balard nous ont servi de point de départ. Ces tableaux ont déjà été plusieurs fois remaniés; parmi les modifications qu'ils ont subies, la plus importante consiste en la séparation en un groupe distinct des métaux précipitables par l'ammoniaque dans les liqueurs traitées par l'acide chlorhydrique et par l'hydrogène sulfuré; nous avons adopté cette manière d'opérer que nous avons introduite nous-même, depuis longtemps, aux travaux pratiques de l'École de pharmacie, et dont nous avons pu apprécier l'avantage. Nous avons cru devoir aussi, pour des raisons qui seront exposées dans le cours de cet ouvrage, modifier d'une manière notable les méthodes relatives à la recherche des acides. Nous nous sommes, dans tous les cas, appliqué à n'indiquer que des procédés de séparation toujours rigoureusement contrôlés par nous, et que nous n'avons adoptés qu'après de nombreuses corrections successives dont l'utilité s'est présentée à nous par l'expérience acquise au milieu des élèves.

Nous avons introduit, dans cette *quatrième édition*, plusieurs modifications, principalement dans la recherche de certains métaux (antimoine, métaux terreux) et de certains acides (acides fluorhydrique, silicique, oxalique, tartrique, citrique, acides formés par les oxydes métalliques). Mais le changement le plus important, et dont on trouvera la raison dans le cours de cet ouvrage, est relatif à la recherche générale des acides. La suppression d'un certain nombre de précipitations inutiles permettra de caractériser ces derniers d'une manière beaucoup plus simple et plus rapide.

CHAPITRE PREMIER

RÉACTIFS

1. Les réactifs dont on fait usage dans l'analyse qualitative sont de diverses sortes. Pour les sels dissous, nous emploierons en général des solutions au dixième; pour quelques sels dont la faible solubilité ne comporte pas une pareille concentration, on pourra laisser dans le fond des flacons quelques cristaux, de manière que la liqueur reste toujours saturée.

Pour éviter de très grandes pertes de temps, on doit ranger ces réactifs dans un ordre rationnel, afin de pouvoir les trouver immédiatement chaque fois qu'on en aura besoin. On pourra, en première ligne, placer les acides, puis les sels d'ammoniaque, les sels de potasse, de soude, les sels terreux, les sels métalliques proprement dits par ordre alphabétique, les dissolvants neutres, les composés organiques divers.

On trouve généralement dans les laboratoires, les réactifs rangés dans des boîtes spéciales, et contenus dans des flacons bouchés à l'émeri, de forme et de grandeur uniformes. Cette disposition, fort coûteuse du reste, n'est pas avantageuse. Il est, en effet, commode de pouvoir renfermer les réactifs dans des flacons de grandeur variable, appropriée à l'usage que l'on a à en faire. En outre, certains réactifs, tels que le sulfate de protoxyde de fer, le ferricyanure de potassium, s'altèrent rapidement en solution; il convient de les conserver, dans ce cas, à l'état solide, et de ne les dissoudre qu'au moment de s'en servir. Pour ces raisons, une étagère portant des flacons de diverses grandeurs, facilement renouvelables, pouvant contenir quelques réactifs solides, et dont le nombre n'est pas limité, nous paraît d'un usage plus convenable qu'une boîte à réactifs. Nous recommandons spécialement d'employer comme tablettes des lames de glace épaisses, adaptées au mur du laboratoire, qui peuvent être facilement nettoyées et ne sont pas altérées par les liquides acides et alcalins.

Les réactifs doivent, en général, être purs. Nous indiquerons ici, en donnant la liste des réactifs principaux, les divers essais qui peuvent servir à contrôler la pureté de ceux que l'on trouve aisément dans le commerce, en même temps que nous donnerons le mode de préparation de quelques-uns qu'il est avantageux de faire au laboratoire.

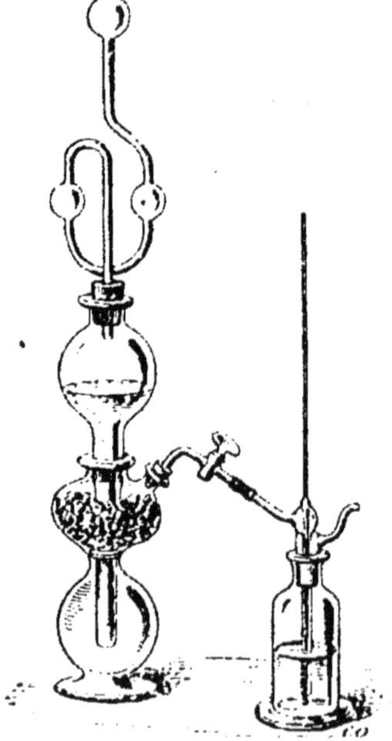

Fig. 1. — Appareil de Kipp.

2. Acides. — Un certain nombre d'hydracides, d'acides minéraux, et d'acides organiques sont employés comme réactifs.

Acide sulfhydrique. — L'acide sulfhydrique s'emploie en général à l'état gazeux, et se prépare avec du sulfure de fer et de l'acide chlorhydrique dans un appareil permettant de l'obtenir d'une manière intermittente. Un des plus commodes est l'appareil de Kipp (fig. 1). On fait passer le gaz dans un flacon laveur contenant de l'eau. On peut aussi se servir de la solution aqueuse d'acide sulfhydrique, mais cette solution est d'un emploi restreint, à cause de la faible solubilité de ce gaz, l'eau n'en dissolvant que trois volumes environ à la température ordinaire. En outre, cette solution s'altère rapidement sous l'influence de l'oxygène de l'air, lequel se substitue au soufre qui se précipite en formant de l'eau. Cependant, on peut la conserver longtemps, sans qu'elle se trouble, à l'abri de la lumière, dans un flacon en verre noir.

L'acide sulfhydrique est d'un emploi très fréquent pour la précipitation d'un grand nombre de sulfures métalliques; il est utilisé dans certains cas comme réducteur.

Acide chlorhydrique. — L'acide chlorhydrique doit être volatilisable sans résidu. Il ne doit pas, après dilution, bleuir de suite par l'addition de quelques gouttes d'une solution d'*iodure de potassium* (exempt d'iodate (4)) et d'*eau amidonnée*, ce qui indiquerait la présence du chlore libre. — Le *chlorure de baryum* ne doit y donner naissance à aucun précipité (acide sulfurique) même après addition d'acide azotique (acide sulfureux); pour faire l'essai de l'acide chlorhydrique par le chlorure de baryum, il est indispensable d'opérer sur l'acide chlorhydrique étendu d'eau, le chlorure de baryum étant insoluble dans l'acide concentré et se précipitant de sa solution par l'addition de ce dernier. — L'*hydrogène sulfuré* (arsenic), les *ferro* et *ferricyanure de potassium* (fer) n'y doivent donner aucun changement.

Acide hydrofluosilicique. — L'acide hydrofluosilicique ne sert que pour reconnaître la baryte dont il précipite les sels en blanc; il ne doit pas précipiter les *sels de strontiane*, même à chaud et après un certain temps, ce qui indiquerait la présence d'acide sulfurique. — On prépare généralement ce réactif en chauffant aussi doucement que possible dans un ballon, avec de l'acide sulfurique pur, un mélange fait à poids égaux de fluorure de calcium finement pulvérisé et de sable fin. L'acide sulfurique est versé par un tube à entonnoir dont l'extrémité inférieure plonge dans un petit tube de verre fermé par un bout (fig. 2). Le ballon communique par un tube deux fois recourbé et bien desséché avec une éprouvette contenant un peu de mercure au fond duquel il aboutit, et sur lequel on a versé ensuite avec précaution de l'eau distillée, de manière à ne pas mouiller l'intérieur du tube à dégagement; le fluorure de silicium produit se décompose au contact de l'eau en acide silicique sous forme gélatineuse et en acide hydrofluosilicique qui reste dissous et que l'on sépare par filtration sur une toile avec laquelle on forme, après que la plus grande partie du liquide s'est écoulée, un nouet que l'on exprime. On filtre enfin sur du papier le liquide ainsi obtenu.

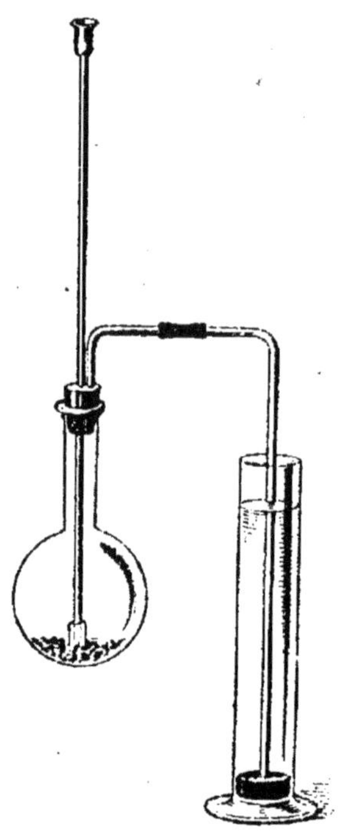

Fig. 2. — Préparation de l'acide hydrofluosilicique.

L'acide hydrofluosilicique doit être employé en solution récente. Au bout de plusieurs mois, il pourrait donner un précipité avec des sels de strontiane ou de chaux exempts de baryte. On devra vérifier le réactif à ce sujet, ainsi qu'il est dit plus loin (56), en présence de l'alcool et à chaud.

Acide azotique. — L'acide azotique ne doit pas donner de résidu par évaporation. — Étendu d'eau, il ne doit pas précipiter les *azotates d'argent* et *de baryte ;* c'est pour la même raison qu'il faut dans cet essai, de même que dans l'essai de l'acide chlorhydrique par le chlorure de baryum, étendre d'eau l'acide azotique, l'azotate de baryte étant insoluble dans l'acide azotique concentré, — Exposé à la lumière, l'acide azotique se colore en jaune, par suite d'une décomposition partielle donnant lieu à une production d'acide hypoazotique; cette altération n'empêche pas cependant, le plus souvent, l'emploi de l'acide azotique.

Eau régale. — L'eau régale se prépare ordinairement au moment d'en faire usage, en mélangeant trois parties d'acide chlorhydrique avec une partie d'acide azotique. Du reste, il importe peu, en général, que ces proportions soient rigoureusement observées.

Acide sulfurique. — Cet acide est employé concentré ou étendu ; on devra donc avoir un flacon d'acide sulfurique ordinaire et un flacon contenant de l'acide étendu d'eau au dixième environ, que l'on prépare en versant dans un ballon renfermant de l'eau, et agitant constamment, un poids déterminé d'acide concentré, puis de l'eau en quantité suffisante pour obtenir la concentration voulue.

L'acide sulfurique doit être incolore, ou à peine coloré sous l'influence des poussières organiques. — Étendu d'eau, il ne doit donner sous l'action d'un courant lent et prolongé d'*hydrogène sulfuré* aucun précipité ni aucune coloration (plomb, arsenic). — Si l'on verse une petite quantité d'acide concentré dans un tube à essai, et au-dessus, une solution de *sulfate de protoxyde de fer*, la couche de séparation ne doit pas être colorée (acide azotique, produits nitrés). — Il doit pouvoir être volatilisé complètement et sans résidu.

Acide acétique. — Cet acide ne doit pas donner de résidu par évaporation. — Dilué, il ne doit pas précipiter par l'*azotate d'argent* ni *de baryte*, ni par ce dernier additionné d'*acide azotique* (acide sulfureux).

3. Ammoniaque et Sels ammoniacaux. — Ammoniaque. — L'ammoniaque ne doit pas donner de résidu par évaporation.

— Chauffée avec de l'*eau de chaux*, elle ne doit donner naissance à aucun trouble qui indiquerait la présence de carbonate d'ammoniaque. L'absence de ce dernier est importante à constater, car de l'ammoniaque plus ou moins carbonatée précipiterait les sels terreux, ce qui pourrait donner lieu à des erreurs dans les analyses. — Étendue d'eau et saturée par l'acide azotique, elle ne doit pas donner de précipité avec les *azotates d'argent et de baryte*. — L'*acide sulfhydrique* n'y doit pas produire de coloration.

Sulfhydrate d'ammoniaque. — Le sulfhydrate d'ammoniaque a deux usages distincts. On s'en sert, en premier lieu, pour précipiter, à l'état de sulfures, certains métaux dont les sels ne sont pas précipitables par l'hydrogène sulfuré en liqueur acide, tels que le zinc, le manganèse, le nickel, le cobalt ; et, en second lieu, pour dissoudre certains sulfures précipitables par l'hydrogène sulfuré, tels que les sulfures d'arsenic, d'étain, d'antimoine, d'or, qui, jouant le rôle de sulfures acides, forment avec le sulfhydrate d'ammoniaque basique des sulfosels solubles.

Il se prépare avec l'acide sulfhydrique et l'ammoniaque : on divise celle-ci en deux parties ; on fait passer jusqu'à refus le gaz sulfhydrique fourni par l'appareil de Kipp (fig. 1) dans la première portion, ce qui donne du sulfhydrate de sulfure AzH^4SH, puis on y ajoute la deuxième portion, qui peut sans inconvénient être un peu plus considérable que la première :

Le sulfhydrate d'ammoniaque récemment préparé est incolore, mais il ne tarde pas à se colorer sous l'action de l'air, en formant d'abord un bisulfure avec mise en liberté d'ammoniaque :

$$2(AzH^4)^2S + O = 2AzH^4S + 2AzH^3 + H^2O.$$

Il se produit ensuite des sulfures de plus en plus sulfurés

et finalement de l'hyposulfite. A partir d'un certain degré d'altération, le soufre mis en liberté se sépare par cristallisation.

On ne doit pas faire usage de sulfhydrate trop altéré ; mais le réactif chargé de soufre convient cependant pour dissoudre les sulfures acides produits par l'acide sulfhydrique. Il serait bon d'employer un sulfhydrate récent pour effectuer les précipitations et de faire une solution de soufre dans ce dernier pour redissoudre les sulfures. A la vérité, le sulfhydrate partiellement altéré, tel qu'on le trouve généralement dans les flacons, peut convenir pour ces deux usages.

La solution, quand elle est peu colorée, ne doit pas précipiter par l'acide chlorhydrique, ce qui indiquerait la présence de métaux en dissolution, ou tout au moins ne doit donner qu'un trouble laiteux de soufre. — Elle ne doit pas laisser de résidu après calcination, ni précipiter le *chlorure de calcium* ce qui indiquerait la présence de carbonate d'ammoniaque, lequel aurait le même inconvénient que dans l'ammoniaque.

Chlorhydrate d'ammoniaque. — Il ne doit pas laisser de résidu à la calcination, ni donner aucune réaction par l'*acide sulfhydrique* et par l'*azotate de baryte.*

Carbonate d'ammoniaque. — Il est avantageux de préparer ce réactif au laboratoire, le sel du commerce n'ayant pas une composition définie. On prend un volume déterminé d'ammoniaque pure ; on l'étend de trois volumes d'eau, et l'on sature jusqu'à refus par l'acide carbonique fourni par un appareil de Kipp (fig. 1) le liquide contenu dans un flacon bouché. Il se forme ainsi du bicarbonate d'ammoniaque que l'on transforme en carbonate neutre par l'addition d'un volume d'ammoniaque égal au premier.

Le réactif ne doit pas laisser de résidu par volatilisation, ni précipiter par le *sulfhydrate d'ammoniaque*, ni par les *azotates* de *baryte* et d'*argent*, après sursaturation par l'acide azotique.

Molybdate d'ammoniaque. — C'est le réactif des acides phosphorique et arsénique. On l'emploie en solution fortement acidulée par l'acide azotique que l'on prépare en dissolvant 75 grammes de sel cristallisé dans de l'eau tiède, complétant un demi-litre avec de l'eau froide et versant cette liqueur dans un demi-litre d'acide azotique de densité 1,2. Il se forme un précipité qui se redissout ensuite.

Acétate d'ammoniaque. — Il doit être neutre au tournesol et ne pas être précipité par les *azotates de baryte* et *d'argent* (du moins, pour ce dernier, en solution étendue).

Oxalate d'ammoniaque. — Ce sel, qui est le réactif des sels de chaux, ne doit pas donner de résidu à la calcination.

4. Potasse et sels de potasse. — Potasse. — La potasse en solution ne doit pas faire effervescence par l'action des acides, ce qui montrerait qu'elle est fortement carbonatée. — Diluée et saturée par l'acide azotique, elle ne doit précipiter ni par les *azotates de baryte* et *d'argent*, ni par le *molybdate d'ammoniaque*. — Elle ne doit pas précipiter par le *chlorhydrate d'ammoniaque* ajouté en excès à chaud (alumine) : ce dernier caractère est important à constater, la présence de l'alumine dans la potasse étant fréquemment une cause d'erreur dans les analyses. En réalité, une solution ancienne, conservée dans un flacon de verre, contient toujours un peu d'albumine. — Elle ne doit pas être colorée par l'*acide sulfhydrique*, avant et après neutralisation.

Iodure de potassium. — L'iodure de potassium doit être exempt d'iodate. On vérifiera l'absence de ce corps en acidulant la solution avec quelques gouttes d'*acide acétique* et ajoutant de l'*eau amidonnée*. Il ne doit pas se produire de coloration immédiate.

Cyanure de potassium. — On ne doit employer que des solutions incolores et n'ayant pas subi une altération manifestée par une coloration plus ou moins brune.

Ferrocyanure de potassium.

Ferricyanure de potassium. — Ce réactif doit être conservé à l'état solide ; on en dissout dans l'eau un fragment, chaque fois que l'on veut en faire usage, après l'avoir lavé deux ou trois fois avec un peu d'eau.

La solution récente de ce sel ne doit pas précipiter les *sels de peroxyde de fer*, ni les colorer en bleu.

Sulfocyanate de potasse. — La solution doit rester incolore après addition d'acide chlorhydrique pur.

Bichromate de potasse.

Bi-méta-antimoniate de potasse acide, ou plutôt pyro-antimoniate acide. — Ce réactif assez infidèle des sels de soude, se prépare en projetant par petites portions, dans un creuset chauffé au rouge, un mélange de 10 grammes d'antimoine pulvérisé et de 40 grammes d'azotate de potasse et le maintenant au rouge une demi-heure. Il se forme de l'antimoniate de potasse que l'on retire du creuset chaud avec une spatule de fer. La matière refroidie est pulvérisée, mélangée avec son poids de carbonate de potasse et chauffée au rouge dans le même creuset. Il se forme du pyro-antimoniate neutre de potasse $K^4Sb^2O^7$, qui n'est stable qu'en présence d'un excès d'alcali ; en présence de l'eau, il se décompose en alcali et pyro-antimoniate acide $K^2H^2Sb^2O^7$, qui donne avec les sels de soude, surtout après agitation, un précipité de formule $Na^2H^2Sb^2O^7$.

On ne doit employer ce réactif qu'en solution récente. Cette solution, en effet, s'altère rapidement en se transformant en antimoniate monobasique qui ne précipite pas les sels de soude.

5. Soude et sels de soude. — SOUDE. — Mêmes essais que pour la potasse.

SULFURE DE SODIUM. — On dissout le sulfure cristallisé. — Ce réactif remplace quelquefois le sulfhydrate d'ammoniaque pour la redissolution des sulfures métalliques. Son emploi est avantageux, en l'absence des sels mercuriques, dans le cas où l'on se trouve en présence du sulfure de cuivre, lequel n'est pas tout à fait insoluble dans le sulfhydrate [1].

Mêmes essais que pour le sulfhydrate d'ammoniaque par l'acide chlorhydrique et le chlorure de calcium.

Ce réactif s'oxyde rapidement sous l'influence de l'air avec production d'hyposulfite de soude, que l'on peut manifester par la mise en liberté de soufre sous l'action des acides.

SULFATE DE SOUDE.

CARBONATE DE SOUDE. — Il ne doit donner, après sursaturation par l'acide azotique, aucun trouble ni coloration par l'*azotate d'argent*, ce qui indiquerait la présence de chlorures ou de sulfures, non plus que par l'*azotate de baryte*, par le *molybdate d'ammoniaque*, par le *ferrocyanure de potassium*. — Sursaturé par l'acide chlorhydrique et évaporé à sec, il doit donner un résidu entièrement soluble dans l'eau (silice). — Enfin on doit vérifier l'absence d'arsenic en l'introduisant dans l'appareil de Marsh, après sursaturation par l'acide sulfurique pur.

PHOSPHATE DE SOUDE. — Il doit donner avec les *azotates de*

[1] Le sulfure mercurique est notablement soluble dans le sulfure de sodium. On fera usage du sulfhydrate d'ammoniaque, si la liqueur renferme, en même temps que des sels de cuivre, des sels mercuriques, dont on peut facilement constater la présence en traitant, au préalable, par du protochlorure d'étain, une petite portion de la liqueur primitive acidulée par l'acide chlorhydrique (p. 55).

baryte et *d'argent* un précipité entièrement soluble dans l'acide azotique étendu.

BORAX. — Il sert dans les essais par voie sèche au chalumeau. On doit vérifier qu'il donne une perle limpide. On recommande quelquefois d'employer ce réactif fondu ; il est plus commode de se servir de borax ordinaire concassé en petits fragments, qui adhèrent mieux au fil de platine chauffé, le boursouflement qui se produit par déshydratation du borax ne gênant en aucune façon la production de la perle.

ACÉTATE DE SOUDE. — Mêmes essais que pour l'acétate d'ammoniaque.

6. **Chaux, baryte et sels terreux.** — EAU DE CHAUX. — L'eau de chaux se prépare en éteignant la chaux vive, et en introduisant la chaux éteinte dans un flacon que l'on remplit d'eau distillée, purgée d'acide carbonique par l'ébullition. On rejette les premières portions que l'on remplace par de l'eau bouillie, en agitant chaque fois, jusqu'à ce que la liqueur sursaturée par l'acide azotique ne précipite plus par les *azotates d'argent* et de *baryte*.

EAU DE BARYTE. — L'eau de baryte se prépare en projetant des fragments de baryte caustique dans de l'eau chaude ; la dissolution se produit avec un dégagement de chaleur qui détermine l'ébullition du liquide. Ce dernier est filtré bouillant dans un grand flacon ; de l'hydrate de baryte cristallise par refroidissement. Si l'on a soin de remplir le flacon avec de l'eau bouillie, à mesure qu'on prélève une portion du liquide et d'agiter de temps en temps, ce flacon pourra fournir pendant longtemps de l'eau de baryte saturée.

L'eau de baryte saturée à la température ordinaire contient presque autant de baryte qu'une solution saturée d'azotate de baryte. On peut du reste, si l'on veut obtenir des solutions plus concentrées de baryte, les préparer à chaud au moment d'en faire usage.

L'eau de baryte, sursaturée par l'acide nitrique, ne doit pas donner de précipité avec l'*azotate d'argent*.

Chlorure de calcium.

Sulfate de chaux. — On se sert d'une solution saturée, en présence d'un excès de sel. Au lieu d'employer le sulfate de chaux précipité, il est préférable d'avoir recours au gypse naturel dont on introduit dans le flacon quelques lames détachées par clivage. Il suffit, à mesure que l'on fait usage de la solution, de compléter de temps en temps le volume avec de l'eau.

Chlorure de baryum. — La solution précipitée par un excès d'*acide sulfurique*, filtrée et évaporée, ne doit pas donner de résidu fixe.

Azotate de baryte. — Même essai. — Ce sel ne se dissout pas dans 10 parties d'eau. On pourra donc laisser dans le flacon des cristaux en excès pour maintenir la solution saturée.

Acétate de baryte. — Ce sel remplace quelquefois le précédent, à cause de sa plus grande solubilité, où lorsqu'on ne veut pas introduire d'acide minéral dans les liqueurs. Mais son emploi est désavantageux pour la précipitation de l'acide sulfurique, car il donne un précipité plus ou moins colloïdal, dont la séparation par filtration est difficile et quelquefois impossible.

Chromate de strontiane. — La solution sert à caractériser les sels de baryte qu'elle précipite. C'est un sel très peu soluble. On emploiera une dissolution maintenue à l'état de saturation, comme pour le sulfate de chaux.

Sulfate de magnésie. — Sa solution, additionnée de *chlorhydrate d'ammoniaque* ne doit pas se troubler par l'*ammoniaque* (alumine), ni par le *carbonate d'ammoniaque* (terres). Elle ne doit donner aucune réaction avec le *sulfhydrate d'ammoniaque*.

7. **Sels métalliques.** — Perchlorure de fer. — Il ne doit pas précipiter, ni être coloré en bleu, par le *ferrocyanure*, ni mettre en liberté le brome dans les *bromures alcalins*, ce qui indiquerait la présence du chlore libre ; on fera ce dernier essai en agitant la solution, additionnée d'une goutte de bromure de potassium, avec un peu de chloroforme ; ce liquide doit rester incolore.

On prépare ce réactif en dissolvant des pointes de fer dans l'acide chlorhydrique pur, en ayant soin que le fer soit en excès, et prolongeant le contact. La solution de protochlorure ainsi obtenue est filtrée et traitée par un courant de chlore lavé à l'eau, jusqu'à ce qu'une portion ne soit plus colorée en bleu par le ferricyanure de potassium. On chasse le chlore en excès par un courant d'air prolongé que l'on dirige dans la liqueur chauffée à une température ne dépassant pas 50 degrés ; au delà de cette température, la solution se décompose, brunit et devient précipitable par certains sels, tels que le chlorure de sodium. On dilue enfin la liqueur de manière à l'amener à une concentration convenable, concentration qu'il est bon de connaître d'une manière approximative et que l'on pourra déduire du poids du fer dissous dans l'acide chlorhydrique.

Sulfate de protoxyde de fer. — Ce sel doit s'employer en solution récente. Il convient donc de le conserver à l'état solide et de ne le dissoudre qu'au moment d'en faire usage.

Protochlorure d'étain. — On le dissout dans un flacon contenant un dixième d'acide chlorhydrique ; on peut aussi le préparer en dissolvant de l'étain dans de l'acide chlorhydrique tiède ; la dissolution se fait lentement, on dilue ensuite avec de l'eau. Il est bon, pour empêcher l'oxydation du réactif, d'introduire dans le flacon une baguette d'étain qui en occupe toute la longueur.

Acétate de plomb. — La solution additionnée d'un excès de *carbonate d'ammoniaque* et filtrée ne doit pas avoir de coloration bleue (cuivre).

Sous-acétate de plomb. — Ce réactif doit être maintenu dans un flacon bien bouché, l'acide carbonique de l'air en précipitant du carbonate de plomb.

Sulfate de cuivre. — La solution ne doit pas laisser de résidu fixe après précipitation par l'*acide sulfhydrique*, ni être précipitée par l'*ammoniaque* et le *sulfhydrate d'ammoniaque*.

Bichlorure de mercure, en solution saturée.

Azotate d'argent. — La solution doit être neutre au tournesol ; précipitée par l'acide chlorhydrique *étendu*, elle ne doit pas laisser de résidu à l'évaporation.

Chlorure d'or.

Bichlorure de platine. — Il est bon de connaître approximativement la concentration de ce réactif, qu'on doit généralement employer en excès.

8. Dissolvants neutres. — Eau distillée. — L'eau distillée que l'on conserve ordinairement dans des pissettes ou fioles à laver (fig. 3), ne doit pas donner le moindre résidu par l'évaporation de quelques gouttes sur une lame de platine. — L'*hy-*

drogène sulfuré n'y doit donner naissance à aucun précipité ni coloration, ce qui indiquerait la présence du plomb, du cuivre ou du fer. — Elle ne doit pas précipiter non plus par l'*azotate d'argent*, ni par le *chlorure de baryum*, ni par l'*oxalate d'ammoniaque* (chlorures, sulfates, sels de chaux). — L'*iodure double de mercure et de potassium* additionné de *potasse* (réactif de Nessler, p. 84) ne doit pas la colorer en jaune, ce qui aurait lieu si elle contenait des traces d'ammoniaque. — On s'assure de l'absence des matières organiques en portant à l'ébullition un certain volume additionné de quelques gouttes d'une solution de *carbonate de soude* et d'une goutte de *permanganate de potasse* étendu; la liqueur ne doit pas se décolorer. — Enfin, on peut vérifier l'absence d'acide carbonique dissous, en y versant de l'*eau de chaux;* la liqueur doit rester limpide.

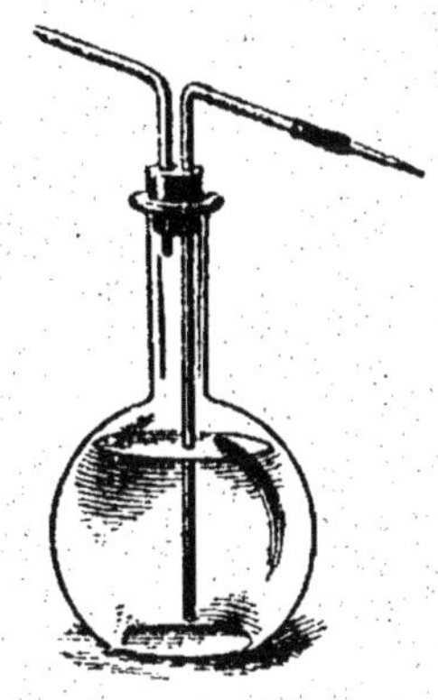
Fig. 3. — Fiole à laver.

Alcool. — L'alcool doit être débarrassé par distillation des matières fixes qu'il peut tenir en dissolution.

Éther. — L'éther s'emploie, soit tel qu'on le trouve dans le commerce, c'est-à-dire plus ou moins mélangé à de l'alcool, soit débarrassé de cet alcool par trois ou quatre lavages à l'eau, opérés dans un grand flacon avec de l'eau que l'on décante au moyen d'un siphon, en ayant soin d'agiter vigoureusement avant chaque décantation. Pour éviter la perte d'éther occasionnée par ces lavages, par suite de sa solubilité dans l'eau, on peut chauffer les eaux de lavage dans un grand ballon, communiquant avec un réfrigérant. L'éther étant moins soluble à chaud qu'à froid, l'échauffement détermine la séparation de la plus grande partie, dans une couche supérieure. L'éther ainsi séparé, ou restant en dissolution, passe dans les premières portions distillées que l'on recueille et dans lesquelles on sépare l'éther de la partie aqueuse. On le réunit à l'éther non lavé.

Chloroforme. — On doit vérifier qu'il n'a pas de réaction acide sur le tournesol et qu'il est volatil sans résidu.

Sulfure de carbone. — Le sulfure de carbone doit de même se volatiliser sans laisser de résidu.

9. **Réactifs divers.** — Eau de chlore. — Ce réactif se prépare en faisant passer pendant quelque temps dans de l'eau un courant de chlore lavé dans un flacon contenant de l'eau. L'eau chlorée doit être conservée dans des flacons en verre noir; elle doit avoir une odeur nette de chlore.

Eau iodée. — On met quelques cristaux d'iode dans le fond d'un flacon rempli d'eau.

Indigo. — On dissout l'indigo pulvérisé dans l'acide sulfurique fumant, en l'ajoutant par petites portions pour éviter un échauffement; on verse ensuite la solution dans de l'eau, en ayant soin d'agiter.

Eau amidonnée. — L'eau amidonnée ne tarde pas à s'altérer sous l'influence des ferments atmosphériques, et, au bout de quelques jours, elle n'est plus colorée en bleu par l'action de l'iode. On peut cependant préparer une liqueur beaucoup moins altérable en mêlant 5 grammes de fécule de pommes de terre avec 2 ou 3 centigrammes d'iodure rouge de mercure, délayant le mélange dans un peu d'eau et jetant la bouillie dans un litre d'eau à l'ébullition. La petite quantité de mercure ainsi introduit empêche l'altération sans troubler les résultats analytiques.

Teinture de tournesol. — On la prépare en faisant bouillir avec de l'eau du tournesol en pains, tel qu'on le trouve dans le commerce. Mais la liqueur filtrée ainsi obtenue, qui est d'une couleur bleue intense, a une réaction très alcaline ; elle exige une certaine quantité d'acide pour virer au rouge, et manque de sensibilité. La teinture de tournesol, employée comme réactif, doit avoir une couleur intermédiaire entre le rouge et le bleu et pouvant virer nettement, aussi bien par l'action des bases que par l'action des acides. Pour obtenir la teinture de tournesol *sensible*, on acidifie avec un excès d'acide sulfurique la liqueur obtenue comme précédemment, et on la porte à l'ébullition afin de chasser l'acide carbonique des carbonates ; on la partage ensuite en deux parties. La première est ramenée au bleu avec de l'eau de baryte versée avec précaution, puis mélangée à la deuxième. On partage de nouveau en deux cette nouvelle liqueur, encore acide et rouge, et l'on recommence de la sorte jusqu'à ce qu'on ait obtenu une teinture violette qui vire au rouge ou au bleu sous l'influence d'une trace d'acide ou d'alcali. On y ajoute d'ordinaire son volume d'alcool pour aider à sa conservation.

La teinture de tournesol contenue dans des flacons bien bouchés se décolore au bout d'un certain temps. Au contact de l'air, le liquide se recolore. Sa décoloration est due à un ferment qui devient anaérobie en vase clos et réduit la matière bleue en une matière oxydable qui reprend sa couleur sous l'action de l'oxygène. Dans des vases stérilisés, la décoloration n'a pas lieu.

Phénol-phtaléine. — On l'emploie en solution au centième environ dans l'alcool faible. On ajoute goutte à goutte à cette solution de l'eau de baryte, jusqu'à ce que l'on obtienne une très légère coloration rosée persistante. C'est un réactif très sensible qui remplace souvent la teinture de tournesol. Il passe au rouge sous l'action des alcalis et les acides le décolorent.

Cette décoloration est produite par l'acide carbonique lui-même. Aussi, une liqueur contenant de la phtaléine et rougie sous l'influence d'une trace d'alcali ne tarde-t-elle pas à se décolorer par l'action de l'acide carbonique de l'air.

VIOLET D'ANILINE. — Nous ferons, dans certains cas, usage de cette matière colorante, en solution aqueuse. Le violet d'aniline passe au vert sous l'action des acides minéraux et permet de constater la présence de ces derniers dans une liqueur.

En présence de très petites quantités d'acides, le réactif ne change pas de couleur, ou passe seulement au bleu, résultat qui peut être produit aussi avec les acides organiques. La couleur verte ne s'obtient qu'avec les liquides contenant une proportion notable d'un acide minéral libre ; aussi disparaît-elle par la dilution et est-elle remplacée successivement par la couleur bleue, puis violette.

ORANGÉ N° 3. — Cette matière colorante permet comme la précédente, mais avec beaucoup plus de précision, de rechercher les acides minéraux, en présence des acides organiques; on devra faire usage d'un orangé préparé spécialement pour réactif et vérifier sa sensibilité, les matières colorantes que l'on trouve sous ce nom dans le commerce étant souvent des mélanges qui ne donnent que des indications beaucoup moins précises que l'*orangé n° 3*. On pourra employer une solution aqueuse saturée et sensibilisée.

PAPIERS RÉACTIFS. — Citons enfin, pour terminer cette liste, le *papier de tournesol*, rouge ou bleu, qui doit être préparé avec des teintures de tournesol ne contenant que de très faibles excès d'acide ou d'alcali, ce qui a rarement lieu pour les papiers que l'on trouve dans le commerce ; le papier de tournesol sensible doit être préparé au laboratoire avec des teintures sensibilisées. — On emploie aussi quelquefois le *papier de curcuma* et le papier à l'*acétate de plomb*.

CHAPITRE II

OPÉRATIONS DIVERSES USITÉES DANS L'ANALYSE QUALITATIVE

10. Pulvérisation. — Nous n'insisterons pas sur cette opération que l'on effectue avec des mortiers de diverses substances (porcelaine, agate, acier) et que l'on complète souvent par le *tamisage*.

11. Dissolution. — La dissolution est une opération préalable qui doit le plus souvent précéder l'analyse. Elle peut servir quelquefois de procédé de séparation; exemple : soit un mélange de chlorure de sodium, de carbonate de chaux et de sulfate de baryte; l'eau dissoudra le premier, l'acide chlorhydrique le second, le troisième restera comme résidu; il y a lieu, bien entendu, de distinguer la dissolution purement physique, telle que celle du chlorure de sodium dans l'eau, de celle qui ne se produit que par une réaction chimique, telle que celle du carbonate de chaux dans l'acide chlorhydrique avec élimination d'acide carbonique.

On distingue les dissolvants neutres dont le plus employé est l'eau, les dissolvants acides, les dissolvants alcalins.

12. Désagrégation. — C'est une opération permettant d'amener à l'état soluble des substances insolubles dans l'eau, les acides et les alcalis, soit en déterminant une transformation complète dans la composition chimique de ces corps, soit en produisant un simple changement moléculaire.

Comme exemple du premier cas, nous citerons le sulfate de baryte; chauffé avec du carbonate de potasse, il se transformera en carbonate terreux, avec production de sulfate alcalin; le carbonate de baryte résultant, débarrassé du sulfate de potasse par des lavages à l'eau, sera entièrement soluble dans l'acide chlorhydrique étendu. — De même pour les silicates insolubles.

Comme exemple de changement moléculaire, nous citerons l'oxyde de chrome obtenu par l'action de l'ammoniaque sur un sel de chrome. Le précipité vert ainsi produit est très facilement soluble dans les acides, mais il devient insoluble après calcination. On peut facilement le transformer en chromate alcalin. Il suffit de le chauffer au rouge dans un creuset de platine avec un carbonate alcalin et de l'azotate de potasse, ou même de le fondre simplement avec un carbonate alcalin au contact de l'air. Le produit repris par l'eau, sursaturé par un acide et traité par l'alcool, donne une solution verte, dans laquelle l'ammoniaque précipite l'oxyde de chrome à l'état soluble dans les acides.

De même l'alumine, facilement soluble, quand elle est obtenue par précipitation, devient encore, après avoir été fortement calcinée, insoluble dans les acides, comme le sont les diverses variétés naturelles (corindon, saphir, rubis). L'alumine artificielle calcinée et l'alumine naturelle, chauffées au rouge avec un carbonate alcalin, seront changées en aluminate alcalin, soluble dans l'eau, dans la solution duquel on pourra ensuite séparer l'alumine, soluble dans les acides, par addition successive d'un acide et d'ammoniaque, ou par addition de chlorhydrate d'ammoniaque, ou simplement par l'action d'un courant d'acide carbonique.

13. Précipitation. — On peut se servir d'un réactif solide, liquide ou gazeux. — Comme réactif solide, nous citerons le carbonate de baryte : ce corps, mis en présence d'une solution d'un sel de peroxyde de fer, en précipitera l'oxyde en se transformant en sel de baryte soluble ou insoluble. Les précipitations ainsi produites sont lentes et doivent être favorisées par l'agitation. — Les réactifs liquides sont de beaucoup les plus nombreux. On doit s'assurer que la précipitation est complète en ajoutant une goutte du réactif dans la liqueur éclaircie par le repos; mais on doit éviter d'en ajouter un trop grand excès, qui, souvent, peut redissoudre une partie du précipité, et dont l'introduction dans la liqueur filtrée peut être une cause de gêne et même d'erreur pour les déterminations ultérieures. La précipitation se fait à froid ou à chaud. — Enfin, nous citerons comme réactif gazeux, l'hydrogène sulfuré, qui est un des plus usités et dont l'emploi présente un grand avantage sur celui de sa dissolution.

14. Séparation des précipités. — Les précipités étant formés il faut les séparer des liqueurs par filtration et les laver pour entraîner les matières dissoutes qui les accompagnent. Cette séparation doit être rigoureuse dans les dosages; il n'est pas toujours nécessaire qu'elle soit aussi complète dans les opérations qualitatives. Quoi qu'il en soit, on doit chercher à économiser autant que possible l'eau de lavage, pour diminuer la durée des filtrations et éviter l'action dissolvante de l'eau sur les précipités; on obtiendra ce résultat, soit dans les filtrations soit dans les décantations, en faisant écouler la plus grande quantité possible du liquide qui baigne le précipité avant d'ajouter de nouveau de l'eau pour laver ce dernier.

On se sert de filtres de papier blanc non collé; il serait bon de se servir toujours de papier lavé aux acides, les papiers ordinaires pouvant abandonner aux liqueurs acides des quantités plus ou moins grandes de sels calcaires. Dans les analyses quantitatives, on ne doit faire usage que de papiers ne contenant qu'une quantité de matières minérales extrêmement faible ou même négligeable. Mais le prix en est assez élevé, aussi se sert-on généralement de papier à filtrer ordinaire dans les analyses qualitatives; toujours est-il bon d'essayer ce papier qualitativement et de vérifier, par les procédés ordinaires, que les liqueurs acides ne lui enlèvent pas de quantités sensibles de matières calcaires.

Les filtres que l'on emploie peuvent être à plis ou sans plis; mais les derniers ne sont guère employés que pour les dosages, et l'on se sert généralement dans les opérations qualitatives de filtres à plis, qui sont plus rapides, la surface qu'ils présentent aux liquides étant plus considérable.

Le filtre est placé dans un entonnoir qui doit toujours le dépasser.

Le lavage des précipités, pour être rigoureux, doit être fait par décantation, les liqueurs décantées étant jetées successivement, après filtration complète de la liqueur précédente, sur le filtre, dans lequel on n'entraîne le précipité que lorsque le lavage est terminé. Mais, pour les essais qualitatifs, qui exigent une séparation moins rigoureuse, on peut opérer ainsi qu'il suit : le précipité est versé sur le filtre avec le liquide qui le baigne, et l'on recueille la liqueur filtrée que l'on met à part, sans l'étendre d'eau pour les essais ultérieurs. Une fois que tout le liquide est écoulé, on lave le précipité en le rassemblant dans le fond du filtre autant que possible, avec le jet d'une pissette; on laisse égoutter de nouveau; puis, on détache le filtre de l'entonnoir et on le pose sur quelques feuilles de papier buvard, pour enlever les dernières portions de liquide. Il est bon, en général, de ne pas s'en tenir là, et de soumettre le précipité à un nouveau lavage en replaçant le filtre dans l'entonnoir, perçant le fond avec une baguette, détachant le précipité du filtre avec une fiole à jet, et le recevant dans un verre; après avoir agité, on verse de nouveau sur un second filtre le liquide qui a entraîné le précipité. — On devra dans certains cas s'assurer que le lavage a été poussé assez loin, en essayant avec des réactifs appropriés la dernière eau de lavage.

CHAPITRE III

ESSAIS PAR VOIE SÈCHE

Bien que nous nous proposions ici l'étude des procédés analytiques par voie humide, nous devons cependant dire un mot sur un certain nombre d'essais par voie sèche, auxquels nous aurons plusieurs fois l'occasion de recourir.

15. Du chalumeau. — Le chalumeau le plus simple consiste en un tube de fer conique recourbé à son extrémité; le plus souvent, on fait usage d'un instrument plus compliqué, composé de deux pièces coniques s'adaptant perpendiculairement l'une sur l'autre, et dont la première porte une embouchure d'ivoire, la seconde un ajutage de platine. Toutes les flammes conviennent pour les essais au chalumeau, même celle donnée par un bec Bunsen, lorsque la virole inférieure en est complètement fermée. On doit tout d'abord apprendre à produire avec le chalumeau un jet continu; pour cela, il faut que l'air soit insufflé directement par les joues et non par les poumons. On doit donc s'habituer à maintenir ses joues gonflées d'air, tout en respirant normalement par le nez.

On peut produire avec le chalumeau soit la *flamme* dite *d'oxydation*, soit la *flamme de réduction;* la première en introduisant le bec du chalumeau dans l'intérieur de la flamme et en soufflant fortement, la seconde en le plaçant en dehors de la flamme et soufflant d'une manière modérée. C'est la pointe brillante du cône intérieur et non l'extrémité de la flamme que l'on devra diriger sur les corps que l'on voudra réduire à la flamme de réduction.

Le chalumeau peut être très avantageusement remplacé par la lampe à gaz dont on fait usage dans les laboratoires pour le travail du verre. On obtient ainsi très commodément une flamme oxydante et même une flamme réductrice, en réglant d'une manière convenable l'air qui est envoyé par la soufflerie.

16. Essais dans un tube fermé. — On pourra faire usage d'un tube à essai ordinaire, si l'on dispose de grandes quantités de matière; on se servira, dans le cas contraire, d'un tube étroit fermé par un bout. On pourra ainsi constater divers phénomènes qui donneront d'utiles indications, quand on chauffera un corps dans le fond de ce tube : soit un dégagement de vapeur d'eau qui se condensera sur les parties froides (sels hydratés) et qui pourra être dans certains cas acide ou alcaline (phosphate d'ammoniaque); soit une sublimation d'un corps solide (sulfure d'arsenic); soit un dégagement gazeux d'oxygène (chlorate de potasse), d'acide carbonique (bicarbonates), de vapeurs rouges (azotate de plomb); soit une carbonisation de la matière (composés organiques).

17. Essais dans un tube ouvert. — On se sert d'un tube à gaz ordinaire, coudé légèrement à 2 ou 3 centimètres de son extrémité. Les corps à essayer seront chauffés au sommet de l'angle de courbure; le courant d'air qui s'établira dans le tube déterminera une oxydation dont les produits pourront être plus ou moins caractéristiques; c'est ainsi que les sulfures donneront de l'acide sulfureux, les arséniures de l'acide arsénieux.

18. Essais sur le charbon. — Ces essais se font en dirigeant la flamme d'oxydation ou de réduction du chalumeau sur les

corps à essayer que l'on a placés dans une petite cavité creusée à l'extrémité d'un morceau de charbon de bois. On peut ainsi observer certains phénomènes; soit d'oxydation, par exemple, avec l'antimoine, l'auréole formée sur le charbon par le métal oxydé, ou l'incandescence de ce dernier; soit de réduction, et c'est le cas le plus fréquent, par exemple la réduction d'un sel de plomb avec production d'un globule métallique. Pour déterminer ces réductions, on ajoute souvent aux substances pulvérisées un mélange de cyanure de potassium et de carbonate de potasse.

On peut aussi, soit sur le charbon, soit plus commodément sur une lame de platine, essayer l'action de quelques réactifs; mais ce mode d'essai est assez limité. C'est ainsi qu'on obtiendra, en chauffant de l'alumine avec de l'azotate de cobalt, une coloration bleue, assez peu caractéristique du reste.

19. Perles. — On fait une petite boucle à l'extrémité d'un fil de platine (fig. 4); on la fait rougir sur un bec de gaz, et on

Fig. 4. — Fil de platine recourbé en boucle.

la plonge encore chaude dans du borax grossièrement pulvérisé dont quelques fragments se fixent sur la boucle de platine. Si l'on chauffe de nouveau celle-ci au chalumeau, le borax, après avoir perdu son eau de cristallisation et s'être plus ou moins boursouflé, se fond en une perle limpide maintenue par les bords de la boucle. Si l'on touche avec cette perle encore chaude, le corps à essayer réduit en poudre, ou si on la trempe dans la solution, et si on chauffe de nouveau, le borax réagit sur les oxydes, les dissout en formant des borates fusibles et produisant des perles transparentes de diverses couleurs, lesquelles peuvent, du reste, changer après refroidissement, et être différentes, suivant qu'elles ont été produites au feu d'oxydation ou de réduction.

Il ne faut mettre sur la perle de borax que très peu de substance, pour que la coloration ne soit pas trop intense, ce qui empêcherait de la distinguer.

Le sel de phosphore (phosphate de soude et d'ammoniaque) sert de même, mais moins fréquemment que le borax, à produire des perles dans les essais par voie sèche.

Dans certains cas, les corps ne se dissolvent pas tout entiers dans la perle, et le résidu forme un squelette infusible (silice).

20. Coloration de la flamme. — On emploie la flamme d'oxydation du chalumeau, ou beaucoup plus commodément la flamme d'un bec Bunsen brûlant du gaz mélangé d'air. Si l'on introduit dans cette flamme un fil de platine imprégné d'un sel solide pulvérisé ou dissous, elle prend des colorations souvent caractéristiques : jaune, pour le sodium; violette, pour le potassium; rouge, pour le strontium; verdâtre, pour le baryum; bleue, pour le cuivre; etc. Ces colorations sont souvent masquées par celle de la soude, dont une trace donne à la flamme une teinte jaune; on a recommandé, pour pouvoir constater, même en présence de la soude, la coloration produite par certains métaux, le potassium en particulier, de regarder la flamme à travers un verre bleu épais (verre de cobalt); la flamme serait cramoisie, malgré la présence de la soude; à la vérité nous n'avons pu tirer aucun résultat du verre bleu, et la coloration donnée à la flamme par un sel de sodium pur, nous a toujours paru cramoisie à travers un verre bleu, comme celle correspondant à un sel de potassium.

21. Analyse spectroscopique. — Nous avons vu que les résultats que l'on peut tirer de la coloration de la flamme d'un bec Bunsen par l'action des sels métalliques sont fort incertains,

lorsque ces derniers ne sont pas absolument purs, et que les colorations données par certains métaux, même en proportion extrêmement faible, peuvent souvent masquer celles qui résulteraient d'autres métaux mélangés aux premiers dans des proportions considérables.

Il n'en est pas de même des résultats que l'on peut tirer d'une autre méthode d'une précision extrême, et au moyen de laquelle on peut, quand on a acquis une habitude suffisante, constater l'existence des plus faibles quantités d'un métal mélangé à de fortes proportions d'autres métaux. C'est la méthode spectroscopique.

Rappelons-en le principe : si l'on examine à travers un prisme la flamme bleue d'un bec Bunsen brûlant du gaz mélangé d'air, il ne se produit pas de spectre appréciable ; les métaux ou leurs sels étant placés dans la flamme font apparaître des raies brillantes dont les couleurs sont caractéristiques pour un même métal et qui occupent dans le spectre des positions déterminées et constantes.

Se fondant sur ce fait, Kirchhoff et Bunsen ont créé une nouvelle méthode d'analyse qualitative basée sur l'emploi du spectroscope. Nous allons d'abord donner une description rapide de cet instrument.

Au centre de l'appareil (fig. 5), un prisme de verre, et plus généralement un système de deux ou trois prismes, est posé verticalement. Trois tubes de lunette peuvent se mouvoir autour de ce prisme. Il est enfermé dans un tambour noirci percé de trois ouvertures en A, B et C. L'un des tubes porte une fente *f*, dont on peut faire varier l'ouverture au moyen d'une vis. Derrière cette fente brûle le bec Bunsen, dans la flamme duquel on introduit, au moyen d'une spirale ou d'un morceau de toile de platine mobile le long d'une tige verticale, des parcelles de la substance à essayer. Un objectif O, dont le foyer est en *f*, rend les rayons parallèles. Le faisceau réfracté est reçu dans une petite lunette à réticule L, pouvant tourner autour de l'axe du prisme. En *m* est placé un micromètre horizontal éclairé par derrière au moyen d'une lampe et dont l'image se réfléchit sur la face d'émergence du prisme et se projette sur le spectre, de sorte que l'on peut voir avec quelles divisions coïncident les raies que l'on observe. On peut du reste, à l'aide

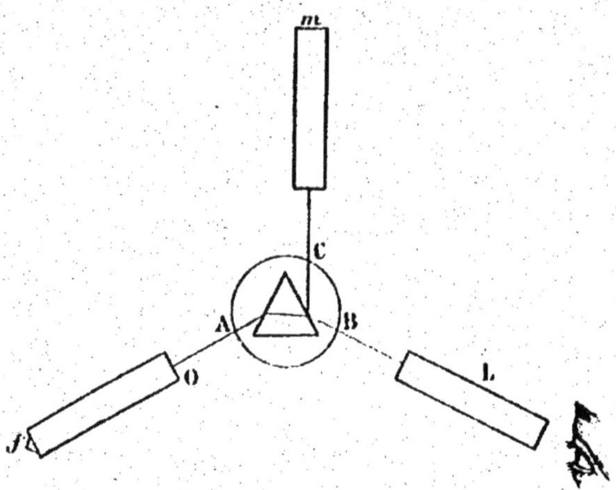

Fig. 5. — Spectroscope.

d'une vis micrométrique, déplacer verticalement ou horizontalement l'image du micromètre, ce qui permet de placer l'échelle à n'importe quelle hauteur et de faire coïncider une raie avec une division déterminée.

La partie inférieure de la fente porte un petit prisme qui permet de comparer le spectre de deux flammes. On peut, en effet, placer latéralement une deuxième flamme et les rayons émis par cette dernière éprouvant la réflexion totale dans ce prisme, forment, en traversant le prisme central, un spectre au-dessous de celui donné par les rayons qui passent dans la partie libre de la fente.

Les spectres des métaux se composent de raies brillantes qui sont d'autant plus nombreuses que la température est plus élevée. Voici les principales raies correspondant à quelques métaux : le *sodium* et ses sels donnent ainsi une raie jaune brillante, coïncidant avec la raie noire D du spectre solaire ;

si la dispersion est grande, cette raie peut être dédoublée ; le *potassium*, deux raies, l'une rouge, l'autre bleu indigo ; le *lithium*, une belle raie rouge carmin, une raie très pâle rouge orangé, et si la température est très vive, une raie bleue ; le *strontium*, deux raies rouges, une orangée et une bleue brillante qui caractérise surtout ce métal en présence de la chaux.

Une première application de la méthode spectroscopique a été la découverte par Kirchhoff et Bunsen de deux nouveaux métaux, qu'ils désignèrent sous les noms de cœsium et de rubidium ; cette découverte a été suivie de plusieurs autres.

La méthode spectroscopique a permis aussi d'établir la diffusion dans la nature de certains métaux, tels que le lithium, considérés auparavant comme très rares.

Sa sensibilité est excessive. On peut en juger par ce fait que l'on aperçoit très nettement la raie du sodium, en faisant détoner dans une chambre de 60 mètres cubes un mélange de 3 milligrammes de chlorate de soude et de sucre de lait. Or il est facile de calculer qu'il ne passe pas plus de 1/20.000.000 de milligramme de sel dans les 50 centimètres cubes qui traversent la lampe Bunsen dans une seconde. Il suffit de secouer un objet quelconque au voisinage de la flamme pour que celle-ci se colore d'une manière manifeste, par suite des traces de sels de soude contenus dans la poussière. Un fil de platine donne de même une coloration jaune s'il n'a pas été chauffé pendant quelque temps, au préalable. Le spectre de la flamme présente dans ces conditions, avec la plus grande netteté, la raie jaune du sodium.

Bandes d'absorption. — Si l'on interpose dans une flamme, donnant un spectre continu, un liquide coloré, ce liquide absorbera certains rayons correspondant aux diverses portions du spectre. De là résulte la production de bandes d'absorption qui pourront servir à caractériser certains corps.

On se sert encore du spectroscope : le liquide coloré qu'on étudie est enfermé dans un tube aplati, si la coloration est intense, sinon dans un tube à essai ; enfin, si la dilution est très grande, dans un tube que l'on regarde dans le sens de sa longueur ; on interpose le tube entre la fente du spectroscope et une lumière blanche.

Nous citerons, comme exemple d'une application de cette méthode, la recherche du sang par le spectroscope, ainsi que la recherche de l'oxyde de carbone dans le sang.

Avec une solution concentrée d'hémoglobine, on n'apercevra que la partie rouge du spectre ; la lumière jaune entre les raies C et D apparaîtra vaguement ; les autres couleurs auront disparu. Si la solution est diluée et si l'on a affaire à de l'hémoglobine oxydée (oxyhémoglobine), on voit le spectre entier et, entre D et E, deux bandes noires séparées par un intervalle lumineux (fig. 6) ; la plus rapprochée de D est plus étroite ;

Fig. 6. — Bandes d'absorption de l'oxyhémoglobine.

Fig. 7. — Bande d'absorption de l'oxyhémoglobine réduite.

l'autre a une largeur double. On peut encore apercevoir ces bandes avec une dilution correspondant à 1/10.000 d'hémoglobine. — Si, en second lieu, on soumet l'hémoglobine à l'action d'agents réducteurs, tels que l'hydrogène sulfuré, le sulfhydrate d'ammoniaque, le sulfate de protoxyde de fer, au lieu de deux bandes, on n'en aperçoit plus, au bout de quelques instants, qu'une seule, à bords moins nets que pour les deux bandes observées dans le cas précédent (fig. 7).

Quand les taches de sang ont été traitées par des chlorures décolorants, ou quand le sang a été soumis à l'action de la chaleur, d'autres fois, enfin, sous l'influence de la putréfaction, l'hémoglobine forme avec l'oxygène un composé plus stable que l'oxyhémoglobine, la *méthémoglobine,* donnant des bandes d'absorption qui ne correspondent pas aux précédentes, mais qui n'en sont pas moins caractéristiques, d'autant plus qu'il est facile de transformer la méthémoglobine en oxyhémoglobine ou en hémoglobine réduite.

Une solution acide de méthémoglobine, qui est colorée en brun, donne une bande très nette dans le rouge, entre C et D, et une autre bande peu marquée entre D et E, enfin une bande large entre le vert et le bleu ; la partie indigo et violette du spectre est absorbée.

Par l'addition d'une goutte de potasse, la coloration brune de la liqueur est remplacée par une coloration rouge vif et les bandes d'absorption son complètement modifiées. La bande dans le rouge disparaît et l'on observe des bandes très pâles, l'une avant D et deux autres, presque confondues, entre D et E.

Si l'on sature par l'acide acétique la liqueur alcalinisée, on reproduit la couleur brune et les bandes d'absorption primitives.

D'autre part, l'addition d'une trace de sulfhydrate d'ammoniaque modifie complètement la coloration des solutions de méthémoglobine. La couleur brune est remplacée par une couleur rouge vif; les bandes d'absorption disparaissent et sont remplacées par la bande unique, large à bords diffus, entre D et E, qui caractérise l'hémoglobine réduite. Enfin le liquide étant agité avec de l'air, cette dernière bande est immédiatement remplacée par les deux bandes caractéristiques de l'oxyhémoglobine, que l'on peut de nouveau réduire par le sulfhydrate.

L'hémoglobine oxycarbonée, qui est contenue dans le sang traité par l'oxyde de carbone, donne deux bandes obscures comme l'oxyhémoglobine, mais qui diffèrent un peu par la position de la première bande située un peu plus à droite de la raie D. Ces deux bandes persistent dans le sang traité par le sulfhydrate d'ammoniaque; il n'y a pas de réduction comme avec l'oxyhémoglobine. Cette dernière différence surtout permet de caractériser l'oxyde de carbone.

Dans un mélange d'oxyhémoglobine et d'hémoglobine oxycarbonée, les deux systèmes de bandes sont superposés; le sulfhydrate d'ammoniaque réduit le premier en une seule bande, le second n'est pas modifié.

Application du spectroscope a la recherche des métaux qui existent dans le soleil et dans les astres. — Kirchhoff et Bunsen ont montré que chacune des raies brillantes correspondant à un grand nombre de métaux coïncidaient exactement avec une des raies noires du spectre solaire, et ils en ont donné l'explication. La lumière d'une flamme colorée n'est pas transparente pour les rayons de la même couleur, et elle les absorbe. Ce fait résulte de l'expérience du *renversement des raies :* soit une lumière donnant au spectroscope un prisme continu, celle, par exemple, qui résulte du platine incandescent ; si l'on place devant cette lumière une flamme contenant du sodium, on observe une raie noire correspondant avec la raie D du spectre solaire. Il en est de même pour les autres métaux. On en conclut que le soleil donne une lumière homogène, mais que cette lumière traverse une atmosphère incandescente contenant des vapeurs de sodium et de divers métaux, ce qui donne naissance aux raies noires du spectre solaire. D'où l'on peut déduire la nature des métaux qui existent à l'état de vapeur dans l'atmosphère du soleil. On y a trouvé ainsi un grand nombre des métaux terrestres.

Le spectre solaire présente aussi certaines raies noires qui sont distinctes des précédentes et qui proviennent d'une autre cause. Ce sont des raies d'absorption qui sont produites par l'atmosphère terrestre. On les désigne sous le nom de *raies telluriques*. Elles varient avec l'état et l'épaisseur de la couche d'air traversée ; nous n'en parlerons pas ici.

Nous avons montré l'application du spectroscope à la détermination des métaux terrestres ; nous avons vu qu'on est allé plus loin, et qu'on a pu obtenir, au moyen des méthodes spectroscopiques, des indications précises sur la nature des métaux qui existent dans le soleil. Ce n'est pas tout et les investigations ont pu être poussées en dehors de notre monde solaire.

Les étoiles, les nébuleuses elles-mêmes, donnent aussi des spectres qui présentent des raies noires. On y retrouve encore l'indication de la présence des métaux terrestres. Certaines étoiles colorées donnent un spectre dans lequel on trouve des raies d'absorption telles que celles du brome et de l'acide hypoazotique.

Ainsi se trouve démontrée l'unité de constitution des mondes. Nous n'insisterons pas davantage sur ces considérations qui, bien que du domaine de l'analyse, sont trop éloignées du genre de recherches dont nous avons à nous occuper ici.

CHAPITRE IV

DISSOLUTION ET ESSAIS PRÉLIMINAIRES

22. Dissolution. — On opère les essais par voie humide sur les corps en dissolution. Si ces derniers sont à l'état solide, trois cas peuvent se présenter : les corps à analyser sont solubles dans l'eau, insolubles dans l'eau et solubles dans les acides, insolubles dans l'eau et dans les acides.

Si l'on a à analyser des mélanges de ces trois sortes de corps, on les séparera en épuisant l'action des dissolvants.

Si les corps sont insolubles dans l'eau, ce que l'on reconnaît à ce que, après un traitement par l'eau, la liqueur filtrée ne laisse pas de résidu sensible par évaporation sur une lame de platine, ou bien si l'on a un mélange de matières solubles et de matières insolubles, ce que l'on reconnaît à ce que les résidus successifs de l'action de l'eau vont en décroissant jusqu'à devenir nuls, les substances insolubles sont traitées à froid par l'acide chlorhydrique étendu, puis par l'acide concentré, à froid et à chaud. On devra soigneusement noter les dégagements d'acide carbonique, d'acide sulfhydrique, d'acide sulfureux, de chlore, d'acide cyanhydrique, les dépôts de soufre, de silice qui pourront résulter de l'action des acides. Le résidu lavé à l'eau sera traité par de l'acide azotique que l'on diluera ensuite, puis enfin par l'eau régale.

S'il reste comme résidu des corps insolubles dans l'eau et dans les acides, on les transformera en combinaisons solubles soit dans l'eau, soit dans les acides, ainsi qu'il sera indiqué à propos de l'analyse des sels insolubles dans l'eau et dans les acides (66, p. 89).

Le résidu peut, dans certains cas, être formé de charbon ou de soufre, mais ces corps sont faciles à reconnaître par combustion sur une lame de platine.

Nous supposerons donc toujours les corps à l'état de dissolution.

23. Essais préliminaires. — On cherchera d'abord quelle est la réaction de cette dissolution sur le tournesol. De cet essai, on pourra, comme nous le verrons plus loin, déduire des indications importantes.

On cherchera ensuite s'il se produit un précipité par l'addition de l'eau, ce qui indiquerait la présence de certains métaux (antimoine, étain, bismuth, etc.).

Enfin, on ne devra jamais oublier de rechercher si la solution ne renferme pas de matières organiques donnant un résidu charbonneux par la calcination en tube fermé. Dans ce cas, on doit les détruire par la calcination faite sur une portion suffisante pour la recherche des métaux. Cette opération est indispensable, car les matières organiques peuvent masquer la présence de certaines bases et empêcher certaines réactions de se produire ; c'est ainsi que l'oxyde de cuivre n'est pas précipité par la potasse en présence de l'acide tartrique, non plus que l'alumine, les sesquioxydes de fer et de chrome, par l'ammoniaque. Si la calcination ne donne pas de résidu charbonneux, il peut cependant exister dans les mélanges certains composés organiques, tels que des acétates, des oxalates, etc. Mais la présence de ces derniers ne sera pas nuisible et il sera inutile de les détruire. Du reste, il est bon, avant d'effectuer la calcination, de séparer par l'hydrogène sulfuré les métaux précipitables par ce dernier, cette réaction n'étant pas empêchée par les matières organiques. On doit même opérer ainsi dans le cas de mélanges pouvant contenir des sels de mercure qu'on s'exposerait à volatiliser pendant la calcination.

Quels que soient les résultats d'un essai préalable, on devra toujours supposer que tous les corps existent dans les mélanges à analyser, et appliquer d'une manière systématique les méthodes qui servent à les séparer. On devra éviter l'emploi de certains réactifs spéciaux, tels que l'iodure de potassium, que l'on est quelquefois porté à essayer à cause de la coloration des précipités qu'ils forment avec certains métaux. On s'exposerait ainsi à commettre des erreurs, par suite des idées préconçues que l'on pourrait se faire sur la constitution du mélange; il ne faut pas oublier, en effet, que les réactions peuvent être souvent modifiées par la présence d'autres corps.

CHAPITRE V

MARCHE GÉNÉRALE DANS LA RECHERCHE DES MÉTAUX PAR VOIE HUMIDE

24. Nous allons exposer les méthodes qui permettent de déterminer la nature des métaux, soit dans un sel isolé, soit dans un mélange de sels, que nous supposerons amenés à l'état de dissolution, ainsi qu'il a été dit dans le chapitre précédent. Ces méthodes sont dichotomiques, c'est-à-dire que chaque réaction générale permettra de séparer les métaux en deux groupes, qui seront ensuite subdivisés de même, jusqu'à ce que l'on arrive à la détermination de chaque métal.

25. Si la liqueur est alcaline, ou même neutre, on l'acidule par de l'acide azotique, et s'il se forme ainsi un précipité, on le recueille et on l'analyse d'après la méthode relative aux sels insolubles. On essaye ensuite l'action des réactifs généraux suivants, que nous allons passer en revue et pour l'emploi desquels on doit tenir compte des recommandations qui suivent, sur l'importance desquelles nous ne saurions trop insister.

26. Acide chlorhydrique. — Si l'on constate que l'addition d'une goutte de cet acide détermine la formation d'un précipité, on continue à en verser goutte à goutte, jusqu'à ce que de nouvelles portions ne produisent plus de trouble dans la partie supérieure du liquide éclairci par le repos.

On sépare ainsi, à l'état de chlorures, un premier groupe de métaux :

Le plomb,
Le mercure au minimum,
L'argent[1].

En réalité, le chlorure de plomb n'est pas absolument insoluble dans l'eau ; aussi le plomb pourrait-il passer inaperçu, dans le cas d'une dilution considérable, mais on le trouverait dans le précipité produit par l'acide sulfhydrique, ainsi que nous le verrons tout à l'heure.

Il faut bien se garder de confondre les trois précipités précédents avec ceux qui peuvent se produire quand on verse de l'acide chlorhydrique concentré dans les solutions non diluées de certains sels (chlorure de baryum, nitrate mercurique, etc.) : les sels cristallisés qui se séparent ainsi (chlorure de baryum, bichlorure de mercure) se dissolvent par l'addition d'une petite quantité d'eau.

27. Acide sulfhydrique. — Ce réactif doit être employé à l'état gazeux.

S'il se forme un précipité, celui-ci, dans certains cas, ne sera formé que de soufre pouvant brûler sans laisser de résidu ; c'est ce qui aura lieu avec les sels de peroxyde qui seront ramenés à un état inférieur d'oxydation, avec l'acide chromique, bromique, iodique, l'acide sulfureux, etc. Tout en notant cette indication qui nous donnera des renseignements utiles, nous ne tiendrons pas compte autrement de ce précipité et nous continuerons les essais suivants sur la liqueur filtrée ainsi réduite par un excès d'hydrogène sulfuré.

On doit faire passer l'acide sulfhydrique dans la liqueur

[1] On ne doit pas oublier que le chlorure d'argent se redissoudrait assez facilement dans un trop grand excès d'acide chlorhydrique.

chaude, du moins à la fin de l'opération. Il ne faut pas oublier, en effet, que l'*acide arsénique* n'est précipité à froid qu'avec une lenteur extrême, et qu'on pourrait, en opérant à froid, le laisser passer inaperçu, ou ne le séparer qu'incomplètement.

Il faut toujours, du reste, s'assurer que la précipitation est complète, et que le gaz sulfhydrique n'exerce plus d'action, même à chaud, sur la liqueur filtrée, et cela même s'il ne se précipite que du soufre. Dans ce dernier cas, en effet, il est nécessaire de réduire complètement les composés tels que les chromates, afin de pouvoir précipiter ensuite les métaux tels que le chrome, à l'état d'oxydes basiques. De même il est nécessaire de détruire complètement l'acide sulfureux (p. 102).

On devra, si la liqueur primitive est très acide, essayer l'action de l'hydrogène sulfuré sur une portion de la liqueur filtrée étendue d'eau. Les sulfures précipitables par l'hydrogène sulfuré en liqueur acide sont, en effet, généralement attaquables par les acides concentrés, et ne se produiraient pas, par conséquent, dans une liqueur contenant une grande quantité d'acide. C'est là une cause d'erreur assez fréquente dans les analyses et qui amène non seulement des oublis parmi les métaux pouvant former, en liqueur acide, des sulfures insolubles avec l'hydrogène sulfuré, mais encore des confusions dans la suite, les métaux non précipités par ce réactif l'étant ultérieurement par l'ammoniaque ou le sulfhydrate d'ammoniaque, en même temps que des métaux d'un groupe différent. Si donc l'on constate la production d'un trouble par l'action de l'hydrogène sulfuré sur une partie de la liqueur filtrée diluée, on doit terminer la précipitation dans la totalité de cette liqueur additionnée d'eau. A partir d'une certaine dilution qui n'aura jamais besoin d'être bien considérable, la séparation se fera d'une manière complète. Il suffit d'ajouter environ trois volumes d'eau pour transformer les acides et leurs premiers hydrates, existant dans la liqueur dans un état de dissociation plus ou moins avancé, en hydrates n'agissant pas sur les sulfures de ce groupe.

On ne devra pas se laisser induire en erreur par la couleur du précipité qui peut se former au début par l'action de l'hydrogène sulfuré. C'est ainsi qu'un sel de plomb, en liqueur chlorhydrique, pourra donner d'abord naissance à un précipité rouge orangé de chlorosulfure ressemblant au sulfure d'antimoine. De même pour un sel de mercure. Ces chlorosulfures sont ensuite transformés en sulfures noirs par l'action prolongée du réactif.

Nous terminerons par une dernière observation. La précipitation par l'hydrogène sulfuré doit être toujours faite en présence d'un excès d'acide, et l'on doit non seulement sursaturer la liqueur si elle est alcaline, mais encore l'aciduler si elle est neutre. Dans une liqueur non acide, en effet, l'arsenic ne serait pas précipité; par contre, les acides chromique, manganique, permanganique, donneraient des oxydes salins insolubles, pouvant contenir une partie ou la totalité du chrome et du manganèse; le zinc serait toujours partiellement précipité à l'état de sulfure.

Cette addition doit être faite même dans le cas d'une liqueur acide dont l'acidité serait due à un acide organique. C'est ainsi que dans une liqueur contenant des sels de fer, de zinc, de nickel ou de cobalt à acides organiques, ou les sels des mêmes métaux à acides minéraux, additionnés de sels tels que l'acétate de soude, les métaux de ces sels seront précipités par l'hydrogène sulfuré, même en présence d'un excès d'acide organique, tel que l'acide acétique, bien qu'ils n'appartiennent pas au groupe des métaux précipitables par l'hydrogène sulfuré en liqueur acide. Il est facile de voir si la liqueur contient un excès d'acide minéral libre suffisant pour empêcher cette précipitation; il suffit de verser dans une petite partie une goutte d'une solution de *violet d'aniline*, matière colorante qui passe au vert sous l'action des acides minéraux, et reste violette ou bleue sous l'influence des acides organiques tels que l'acide acétique.

Le groupe des métaux précipitables par l'acide sulfhydrique en liqueur acide est divisé en deux, suivant que leurs sulfures sont solubles ou non dans le *sulfhydrate d'ammoniaque.*

Les premiers sont des sulfures acides ; c'est pourquoi ils se dissolvent dans les sulfures alcalins en donnant des sulfosels. On séparera ainsi le groupe des métaux suivants :

L'or,
L'arsenic,
L'antimoine,
L'étain.

Les seconds, dont les sulfures sont insolubles dans le sulfhydrate d'ammoniaque sont :

Le mercure au maximum,
Le platine,
Le bismuth,
Le plomb,
Le cuivre,
Le cadmium.

Remarquons que nous retrouvons encore le plomb, bien que nous l'ayons déjà rencontré dans le premier groupe des métaux précipitables par l'acide chlorhydrique. Cela tient à la solubilité relative de son chlorure. Pour la même raison, nous devons toujours rechercher le plomb dans le groupe des métaux précipitables par l'hydrogène sulfuré, lorsque nous ne l'aurons pas déjà caractérisé dans le groupe précédent.

Le platine est souvent rangé parmi les métaux dont les sulfures sont solubles dans le sulfhydrate. Bien que ce métal puisse dans certaines conditions, comme nous le verrons (p. 60), former des sulfosels solubles, nous retrouverons son sulfure avec ceux de la deuxième partie du second groupe.

28. Chlorhydrate d'ammoniaque et ammoniaque. — Avant d'essayer l'action de l'ammoniaque sur la liqueur débarrassée des métaux précédents, on y verse du chlorhydrate d'ammoniaque en quantité notable.

L'addition du sel ammoniacal a pour but d'empêcher la précipitation par l'ammoniaque de certains métaux (magnésie, manganèse) qui forment, en présence du chlorhydrate d'ammoniaque, des sels doubles solubles; la magnésie précipitée par un carbonate alcalin est même redissoute par le chlorhydrate d'ammoniaque. C'est pour la même raison que l'ammoniaque pure ne donne lieu qu'à une séparation partielle de la magnésie dans une solution exempte de sels ammoniacaux, une portion restant en dissolution à l'état de sel double formé par le sel ammoniacal qui provient de cette séparation.

Avant de verser le chlorhydrate d'ammoniaque et l'ammoniaque, on ne devra pas oublier de faire bouillir la liqueur avec une goutte d'acide azotique, afin de peroxyder le fer, pour que ce métal soit précipité à l'état de sesquioxyde de fer. A l'état de protoxyde, il resterait en dissolution dans la liqueur comme la magnésie et ne se séparerait que lentement par suite de l'oxydation au contact de l'air.

Quant au zinc, au nickel et au cobalt, ils sont précipités par l'ammoniaque, mais l'oxyde mis en liberté se redissout avec la plus grande facilité dans un excès de ce réactif.

On voit déjà que s'il se forme un précipité par suite de l'addition d'ammoniaque, on ne devra en tenir compte que s'il est permanent, c'est-à-dire s'il ne se redissout pas dans un grand excès de réactif.

On séparera ainsi, à l'état de sesquioxydes, les trois métaux :

Le fer,
Le chrome,
L'aluminium.

Mais le précipité pourrait être beaucoup plus complexe, et il est facile de voir qu'il pourrait contenir aussi certains métaux des groupes suivants :

Le calcium,
Le baryum,
Le strontium,
Le magnésium,
Le manganèse.

Prenons, en effet, du phosphate de chaux, de magnésie, du phosphate ammoniaco-magnésien, etc., et dissolvons-les dans de l'acide chlorhydrique ; nous aurons une liqueur à réaction acide. Cette liqueur étant additionnée d'ammoniaque, le phosphate terreux qui était dissous à la faveur de l'acide chlorhydrique se reconstituera et se séparera par précipitation. On voit donc que le précipité produit par l'ammoniaque pourra contenir les métaux terreux, ainsi que le manganèse, toutes les fois que l'on sera en présence d'acides pouvant former avec eux des sels insolubles (acide phosphorique, oxalique, borique, fluorhydrique, silicique, etc.) (1), bien que, en l'absence de ces acides, ces métaux ne soient pas précipités par l'ammoniaque, en présence du chlorhydrate d'ammoniaque. Quant aux autres métaux suivants, zinc, nickel, cobalt, ils ne formeront pas de précipités permanents par l'addition du chlorhydrate d'ammoniaque et de l'ammoniaque, même si l'on se trouve en présence des acides qui peuvent former avec eux des sels insolubles ; à une condition toutefois, c'est que l'on ajoute une quantité considérable d'ammoniaque et de sel ammoniacal, recommandation déjà faite plus haut.

On voit donc que, suivant que l'on sera en présence des acides dont nous avons parlé ou non, le groupe des métaux précipitables par l'ammoniaque sera plus ou moins compliqué. Dans

[1] Nous ne parlerons pas ici des acides organiques carbonisables par l'action de la chaleur que nous supposons avoir été détruits par une calcination préalable.

le dernier cas, il ne pourra contenir que trois métaux à l'état de sesquioxydes, le *fer*, le *chrome*, l'*aluminium*. Dans le premier cas, au contraire, il pourra contenir, outre les trois métaux précédents, du *calcium*, du *baryum*, du *strontium*, du *magnésium*, du *manganèse*, ces deux derniers métaux étant précipités cette fois malgré la présence du chlorhydrate d'ammoniaque.

Ce n'est donc que dans certains cas spéciaux, par exemple dans l'analyse d'un alliage, ou bien si la liqueur primitive est neutre au tournesol, que l'on pourra effectuer la recherche des trois premiers dans le précipité ammoniacal, sans avoir à se préoccuper de la présence possible des autres métaux.

Nous aurons donc à étudier deux méthodes relatives, l'une à ce cas restreint, l'autre au cas général, et nous verrons que l'on peut, dans tous les cas, séparer les trois sesquioxydes dans un précipité ne contenant pas les métaux terreux, ni le manganèse.

29. Sulfhydrate d'ammoniaque. — Ainsi qu'on le voit, le précipité obtenu par l'action de l'ammoniaque peut être assez complexe ; aussi avons-nous évité de le compliquer encore davantage, comme on le fait généralement, en ajoutant immédiatement du sulfhydrate d'ammoniaque dans la liqueur, non séparée du précipité qui a pu être produit par l'ammoniaque.

Ce réactif précipiterait à l'état de sulfures :

Le zinc,
Le manganèse.
Le cobalt,
Le nickel.

Nous ne verserons le sulfhydrate d'ammoniaque que dans la liqueur séparée par filtration du précipité précédent, et celui qu'il pourra y déterminer sera étudié distinctement.

La précipitation par le sulfhydrate d'ammoniaque ne peut être remplacée par une précipitation par l'hydrogène sulfuré en liqueur alcaline, notamment en présence du zinc (p. 77).

30. Carbonate d'ammoniaque. — Ce réactif, versé dans la liqueur qui contient du chlorhydrate d'ammoniaque, séparera à l'état de carbonate :

Le calcium,
Le baryum,
Le strontium.

La magnésie restera, comme nous l'avons dit, en dissolution.

31. Nous caractériserons la magnésie par le *phosphate de soude* et l'*ammoniaque*.

32. Il nous restera enfin un dernier groupe de métaux :

Le potassium,
Le sodium,
Le lithium,
L'ammoniaque.

non précipitables par les réactifs précédents.

CHAPITRE VI

DÉTERMINATION DE LA BASE D'UN SEL SIMPLE

33. Il est rare que l'on ait à analyser un sel simple, c'est-à-dire la combinaison d'une seule base avec un seul acide. Même dans le cas de l'analyse d'un sel isolé, on aura, en général, à rechercher la présence des impuretés qu'il peut contenir, et dont la présence pourra du reste modifier les réactions de ce sel; on sera donc forcé d'avoir recours aux méthodes générales. Aussi regarderons-nous la détermination d'un sel isolé plutôt comme un exercice préliminaire auquel on pourra se livrer avant d'entreprendre l'analyse des mélanges, que comme un problème qui se présente réellement dans la pratique.

34. Lorsqu'on n'a à rechercher qu'un seul métal, cette recherche est des plus faciles. Ce métal est en effet, séparé par les réactifs généraux; on n'a plus qu'à le caractériser. Aussi n'a-t-on pas à effectuer de lavages plus ou moins longs et pénibles, comme dans le cas des mélanges.

On devra s'assurer, au préalable, qu'il n'y a pas de composés organiques carbonisables par l'action de la chaleur; dans le cas contraire, on les détruirait comme nous l'avons vu (32, p. 39).

CHAPITRE VII

DÉTERMINATION DE LA BASE D'UN SEL SOLUBLE DANS L'EAU

35. Le tableau qui termine ce chapitre donne la marche à suivre pour la recherche de la base d'un sel simple dissous dans l'eau.

Remarque. — Lorsqu'on a caractérisé un métal d'après le tableau précédent, et que ce métal peut être à l'état d'oxyde acide dans le sel analysé, on doit, bien qu'il s'agisse d'un sel isolé, continuer la recherche des métaux, pour trouver la base de ce sel.

Cela peut avoir lieu dans trois cas.

1° *Le premier corps décelé par la recherche des métaux ne forme que des oxydes acides et non basiques.* — Tel est l'*arsenic* qui se trouve dans la liqueur à l'état d'*acide arsénique* ou d'*acide arsénieux*.

2° *Il forme à la fois des oxydes acides et des oxydes basiques.* — Tels sont le *chrome* et le *manganèse*.

Si le *chrome* existe à l'état de *sesquioxyde*, l'*ammoniaque* produit un précipité vert dans la liqueur primitive, généralement verte ou violette. — S'il est à l'état d'*acide chromique*, l'hydrogène sulfuré l'a réduit, en liqueur acide, à l'état de sel de sesquioxyde, avec mise en liberté de soufre. La liqueur primitive, jaune ou orangée, après addition d'acide acétique, est précipitée en jaune par un *sel de plomb*. La base est à chercher dans ce dernier cas.

Dans le cas du *manganèse*, le sel peut être un *manganate*, ou un *permanganate*, ce qui est indiqué par la couleur verte ou rouge de la liqueur primitive, et l'on doit encore rechercher la base du sel.

3° *Il forme des oxydes indifférents*, pouvant se combiner aux acides et aux bases. — Tel est le *bioxyde d'étain* (Sn au max), pouvant jouer le rôle d'une base (chlorure, bromure), ou d'un acide, *acide stannique* (stannates), des *oxydes d'antimoine* SbO^3, SbO^4 et de leurs hydrates, *acide antimonieux*, *acide antimonique*, formant également des combinaisons avec les acides et avec les bases. Tels sont encore l'*alumine* et l'*oxyde de zinc*. Les sels dans lesquels ces oxydes indifférents jouent le rôle d'acides, lorsqu'ils sont solubles dans l'eau, sont généralement à base d'alcalis, plus rarement de terres alcalines.

Si la liqueur primitive est acide, les métaux à oxydes indifférents ne pourront exister qu'à l'état d'oxyde basique (1) et la base est caractérisée par le premier résultat positif obtenu d'après le tableau précédent ; on n'aura donc à continuer la recherche de la base que si la liqueur primitive n'a pas une réaction acide, dans le cas de l'antimoine (2) et même que si elle a une réaction nettement alcaline, dans le cas de l'étain, de l'alumine et du zinc.

Lorsqu'on acidifie, au début de l'analyse, par l'acide azotique, la liqueur primitive généralement alcaline, contenant à l'état d'acides les oxydes indifférents, on constate que les premières gouttes précipitent ces oxydes qui se redissolvent ensuite facilement dans un excès.

[1] Sauf dans le cas d'un *acide organique à fonction alcool*, tel que les acides tartrique et citrique, mais même dans ce cas, s'il s'agit d'un sel isolé, on n'aura pas à rechercher d'autre métal.

[2] L'*Antimonite de soude* donne une solution neutre.

CHAPITRE VIII

CARACTÈRES DES MÉTAUX

36. Quand on a déterminé un métal en suivant une marche méthodique quelconque, ce métal n'est, en réalité, caractérisé que par un nombre très limité de réactions. Aussi est-il bon de contrôler les résultats par des vérifications diverses ; ces vérifications seront indispensables dans les analyses des mélanges de sels, dans lesquels les méthodes de séparation ne permettent pas toujours d'isoler chaque métal d'une manière rigoureuse, ce qui peut être une cause de confusions et d'erreurs. Il faut donc surtout, dans ce cas, accumuler les réactions pour caractériser chaque corps avec toute la certitude possible.

En réalité, nous pourrions donner ici, à ce sujet, tous les caractères des sels métalliques ; mais ces caractères se trouvent dans tous les traités de chimie, et nous croyons plus utile de nous borner à rappeler ceux qui nous seront les plus commodes pour la détermination des métaux. Nous allons donc passer en revue, dans l'ordre du tableau précédent, les principaux métaux, en indiquant les divers caractères qui nous serviront à contrôler leur présence dans une dissolution, conjointement à ceux qui nous ont permis de les déterminer dans le cas d'un sel isolé.

37. Argent. — Précipité blanc de chlorure par l'*acide chlorhydrique*, caillebotté, s'il est abondant, soluble dans l'ammoniaque, insoluble dans l'acide azotique; le chlorure d'argent se dissout assez facilement dans l'acide chlorhydrique concentré. — Précipité noir de sulfure par l'*hydrogène sulfuré*. — Précipité brun par la *potasse* (AgO).

38. Plomb. — Précipité blanc de sels basiques, par les *alcalis* et les *carbonates alcalins*, insoluble dans l'ammoniaque, soluble dans les alcalis. — Précipité blanc de chlorure, par l'*acide chlorhydrique*, un peu soluble dans l'eau froide, plus soluble dans l'eau bouillante; la solution saturée à chaud et filtrée cristallise par refroidissement. — Précipité blanc de sulfate de plomb par l'*acide sulfurique*. — Précipité noir de sulfure par l'*hydrogène sulfuré;* la formation de ce précipité est précédée, en présence de l'acide chlorhydrique, de celle d'un chlorosulfure rouge. — Précipité jaune par le *chromate de potasse;* ce précipité est soluble dans la potasse et insoluble dans l'acide acétique.

39. Mercure. — Les sels de protoxyde donnent avec l'*acide chlorhydrique* un précipité blanc de protochlorure (HgCl), noircissant par l'ammoniaque (HgCl, $HgAzH^2$). — Les sels de protoxyde et de peroxyde donnent un précipité de sulfures (Hg^2S et HgS) par l'*hydrogène sulfuré*. La formation du sulfure HgS est précédée, en présence de l'acide chlorhydrique, de celle de chlorosulfures de couleurs diverses. Les deux sulfures de mercure sont insolubles dans l'acide azotique étendu, même à chaud. — La *potasse* et la *soude* précipitent en noir les sels de protoxyde (Hg^2O); ces alcalis versés en excès précipitent en jaune les sels de peroxyde (HgO); les deux précipités sont insolubles dans un excès de réactif; en présence de sels ammoniacaux, le précipité formé par les alcalis dans les sels de peroxyde est blanc et a une composition analogue à celle du précipité produit par l'ammoniaque. — L'*ammoniaque* précipite en noir les sels de protoxyde, en blanc les sels de peroxyde avec produc-

tion de combinaisons spéciales. — Les solutions de sels de mercure légèrement acides donnent sur une *lame de cuivre* décapée une tache de mercure volatil. — Le *protochlorure d'étain* donne immédiatement un précipité gris noir de mercure avec les protosels ; avec les sels de peroxyde, on obtient un précipité blanc (HgCl) qui, si le réactif est en excès, devient gris rapidement à froid, et immédiatement à chaud, en se transformant en mercure métallique. — *L'iodure de potassium* donne avec les sels mercuriques un précipité rouge d'iodure de mercure, se dissolvant facilement dans un excès d'iodure alcalin, avec lequel il forme un sel double. — Si dans un liquide contenant du mercure et légèrement acidulé, on laisse pendant quelque temps un morceau de *zinc*, et si, après avoir retiré celui-ci et l'avoir séché sur du papier buvard, on l'introduit dans un tube à essai, on peut, en le chauffant, en dégager le mercure qui se condense sur les parois froides du tube. Le sublimé de mercure quelquefois à peine visible, se colore en rouge et se transforme en iodure, lorsqu'après avoir enlevé le morceau de zinc, on fait tomber un très petit fragment d'iode que l'on chauffe légèrement. Le sublimé devient ainsi très apparent, surtout si l'on chasse les vapeurs d'iode en insufflant de l'air dans le tube chaud. On peut ainsi caractériser la présence de très faibles traces de mercure.

40. OR. — Précipité noir par l'*acide sulfhydrique*, soluble dans *le sulfhydrate d'ammoniaque* contenant du soufre en dissolution. — Le sulfure et les sels d'or donnent, par calcination, de l'or métallique. — Bouilli avec une solution d'*acide oxalique*, le chlorure d'or est réduit avec précipitation d'or métallique. — Additionné d'un mélange dilué de *proto* et de *bichlorure d'étain*, il donne naissance à un précipité (pourpre de Cassius).

41. ÉTAIN. — Les sels de protoxyde précipitent en brun

(SnS), les sels de peroxyde en jaune (Sn S^2), par l'*acide sulfhydrique;* les deux sulfures sont solubles dans le *sulfhydrate d'ammoniaque;* pour le premier, le sulfhydrate doit contenir du soufre en dissolution ; ils sont facilement attaquables par les acides concentrés. — Les sels de protoxyde et de peroxyde donnent avec la *potasse* un précipité blanc, soluble dans un excès de réactif. — Les sels de protoxyde donnent, avec le *bichlorure de mercure* à froid, un précipité blanc (Hg Cl), qui, si le sel d'étain est en excès, devient gris rapidement, surtout à chaud, en se transformant en mercure métallique.

Stannates. — On ne connaît que peu de sels solubles, correspondant au bioxyde d'étain basique (chlorure et bromure). Dans les solutions alcalines, il joue le rôle d'acide, acide *stannique.* Les *acides* précipitent le bioxyde à l'état hydraté dans les dissolutions des *stannates* alcalins ; un excès le redissout. — L'*hydrogène sulfuré* donne dans les solutions acidulées des stannates le même précipité de bisulfure que dans le bichlorure d'étain.

42. Arsenic. — Les arsénites additionnés d'un acide minéral donnent immédiatement avec l'*hydrogène sulfuré* un précipité jaune (As^2S^3), insoluble dans l'*acide chlorhydrique*, soluble dans le *sulfhydrate* et dans le *carbonate d'ammoniaque* ; l'hydrogène sulfuré ne précipite pas les solutions alcalines ou neutres ; mais il les colore en jaune, et l'addition d'un acide en sépare alors du sulfure. Les arséniates en solution acide donnent naissance au même sulfure, mais seulement après réduction de l'acide arsénieux, avec mise en liberté de soufre, qui se précipite en même temps que le sulfure d'arsenic. Cette réduction et cette précipitation se font très lentement à froid, plus rapidement à chaud. Ce caractère distingue l'acide arsénique de l'acide arsénieux. — L'*azotate d'argent* donne avec les solutions neutres des arsénites un précipité jaune, avec celles des arséniates un précipité rouge brique; l'arsénite et l'arséniate d'argent sont

solubles dans l'acide azotique, dans l'ammoniaque et dans les sels ammoniacaux. — L'acide arsénique est précipité en jaune, surtout à chaud, par le *molybdate d'ammoniaque*, de même que l'acide phosphorique (98, p. 137). Mais la liqueur qui surnage le précipité est colorée en jaune, contrairement à ce qui a lieu pour l'acide phosphorique. — Les arséniates additionnés d'un *sel ammoniacal* et d'*ammoniaque* forment avec les sels de magnésie un précipité d'arséniate ammoniaco-magnésien, semblable au phosphate ammoniaco-magnésien. — Dans l'*appareil de Marsh* (pour des essais qualitatifs et lorsque la proportion d'arsenic n'est pas trop peu considérable, on peut remplacer l'appareil de Marsh par un simple tube à essai, muni d'un tube étiré ; on y introduit la liqueur arsénicale avec du zinc et de l'acide sulfurique, dans lequel on a vérifié l'absence d'arsenic par une première opération à blanc, et on n'enflamme le gaz qui se dégage que lorsque l'appareil est purgé d'air), les arsénites et les arséniates donnent, quand on écrase la flamme avec une soucoupe de porcelaine, des taches d'arsenic que l'on peut caractériser par les réactions suivantes : 1° elles sont solubles dans l'*hypochlorite de soude ;* 2° quand on les expose aux vapeurs d'iode, en tenant quelque temps une des soucoupes sur lesquelles on a produit des taches, renversée sur une deuxième soucoupe légèrement chauffée et contenant un fragment d'iode, elles deviennent jaunes ; 3° enfin, et c'est le caractère le plus précis et qu'il importe le plus de vérifier, oxydées par l'acide azotique, elles donnent naissance à de l'acide arsénique, avec lequel on peut produire de l'arséniate d'argent de couleur rouge brique. Pour obtenir ce dernier, on dissout la tache d'arsenic dans une goutte d'acide azotique, on évapore à sec avec précaution, de préférence au bain-marie ; on verse sur le résidu une goutte d'ammoniaque et l'on évapore encore à *siccité* ; enfin, on verse une goutte de nitrate d'argent qui donne une tache rouge brique. Il est indispensable d'évaporer complètement l'acide azotique et l'ammoniaque à cause de la solubilité de l'arséniate d'argent dans l'acide azotique, dans l'ammoniaque, dans les sels ammoniacaux, et de l'action de l'ammoniaque sur l'azotate d'argent.

43. Antimoine. — L'*eau* précipite les sels d'antimoine avec formation de sous-sels : ce précipité est soluble dans l'acide tartrique, aussi ne se produit-il pas en présence de cet acide, par exemple avec l'émétique. — La *potasse* donne un précipité blanc, soluble dans un grand excès de réactif. — L'*acide sulfhydrique* donne un précipité orangé, soluble dans le *sulfhydrate d'ammoniaque*. La précipitation n'est complète que dans les liqueurs acidulées. Le précipité est constitué par du trisulfure SbS^3 ou par un mélange de SbS^3, de SbS^5 et de soufre, suivant que le sel correspond à SbO^3 ou SbO^5. — — Dans l'*appareil de Marsh*, on obtient, comme avec l'arsenic, des taches qui se distinguent par leur insolubilité dans les hypochlorites alcalins, la réaction de l'iode qui les colore en orangé, et celle de l'acide azotique qui les transforme en acide antimonique, lequel ne produit pas de précipité coloré avec le nitrate d'argent. — L'*étain* déplace l'antimoine, à froid ou à chaud, de ses solutions acides, sous la forme d'une poudre noire, dense. Si l'antimoine est en petite quantité, il se produit seulement une tache brune. La production de cette tache, que l'on observe aussi, mais moins nettement, avec le fer et le zinc permet de caractériser la présence dans une liqueur acide, de traces infinitésimales d'antimoine. — Le *fer* précipite l'antimoine comme l'étain, surtout à chaud, et l'on voit encore une poudre noire se séparer, tandis que le fer se dissout en diminuant rapidement de poids ; mais il peut arriver, dans certaines conditions mal définies, que ce déplacement ne se produise pas ; aucune parcelle d'antimoine ne se sépare autour du fer et la surface de ce dernier devient d'une couleur gris blanc métallique, tandis que son poids augmente très légèrement (2 ou 3 milligrammes en une journée pour une pointe de fer), par suite

de la production d'un enduit d'antimoniure ; puis l'action du fer s'arrête complètement. On peut constater en particulier ce fait d'une manière assez constante, lorsque le fer a été soumis quelques instants à l'action de l'acide chlorhydrique un peu dilué, avant d'être plongé dans la solution d'antimoine. — Les *chlorure* et *iodure de césium* forment avec l'antimoine des sels doubles insolubles. L'iodure double de césium et d'antimoine peut être obtenu en lamelles hexagonales jaunes ou grenat, suivant leur épaisseur, spécifiques de l'antimoine en l'absence du bismuth. M. Denigès (*Journ. de Ph. et de Ch.* 1901, t. 14, p. 443) a fondé sur la production de ce sel double, ainsi que sur la formation des taches d'antimoine sur l'étain, deux procédés de recherche permettant de déceler un à deux milligrammes d'antimoine, en présence de très fortes proportions d'arsenic.

Antimonites et antimoniates. — Les hydrates de SbO^3 et SbO^5 forment les *acides antimonieux* et *antimonique* qui donnent avec les alcalis des solutions neutres ou alcalines. — Les *acides* précipitent ces hydrates dans les dissolutions ; un excès les redissout. — L'*hydrogène sulfuré* donne, dans les solutions acidulées, les mêmes précipités que dans les solutions des sels d'antimoine.

Les oxydes SbO^3 et SbO^5 à l'état basique, ou à l'état d'hydrates acides, peuvent être distingués l'un de l'autre, ou caractérisés dans un mélange des deux, par les deux réactions suivantes : Si l'on chauffe le mélange dissous dans l'acide chlorhydrique, exempt de chlore, avec de l'*iodure de potassium*, exempt d'iodate, en présence de SbO^5, il se sépare de l'iode et SbO^5 est réduit en SbO^3. — L'oxyde SbO^3 peut être caractérisé par le *nitrate d'argent* dans la dissolution obtenue par addition d'un excès de potasse ; il se forme un composé noir (argent et antimoine métallique), en même temps que de l'oxyde brun d'argent, et qui reste comme résidu, après qu'on a dissous ce dernier dans un excès d'ammoniaque.

44. Cadmium. — Précipité jaune par l'*acide sulfhydrique*, insoluble dans le *sulfhydrate*, assez facilement attaquable par les acides concentrés.

45. Platine, — L'*acide sulfhydrique* donne lentement à froid, plus rapidement à chaud, un précipité noir, à peu près insoluble dans le *sulfhydrate d'ammoniaque*, surtout si ce dernier n'est pas très chargé de soufre. Pour obtenir une précipitation nette et rapide, on doit aciduler la liqueur et opérer à chaud. Le sulfure de platine, aussitôt qu'il est formé, est soluble dans les sulfures alcalins, mais il se transforme presque instantanément, surtout si la liqueur est acide, en sulfure insoluble. Si l'on verse rapidement une solution de chlorure de platine dans un excès de sulfure alcalin, une partie sensible du sulfure de platine reste dissoute. Si dans une solution de chlorure de platine additionnée d'un excès de soude, on fait passer de l'hydrogène sulfuré, jusqu'à saturation de la soude, la totalité du platine reste en dissolution, sous la forme de sulfosels en formant une liqueur limpide, d'une couleur brun clair, puis verte. Le sulfure de platine précipité dans une liqueur acide par l'hydrogène sulfuré est toujours sous la modification insoluble dans les sulfures alcalins. — Le *chlorhydrate d'ammoniaque* donne avec le chlorure de platine un chlorure double ($PtCl^4$. $2AzH^4Cl$) qui laisse après calcination un résidu de platine métallique ; ce chlorure double ne se précipite que lentement et par l'agitation si les liqueurs sont étendues ; si la dilution était trop grande, on devrait concentrer ces dernières par évaporation ; on peut aussi ajouter de l'alcool, dans lequel le chlorure double est insoluble. — Le chlorure de platine additionné d'acide chlorhydrique est coloré en rouge brun foncé par le *protochlorure d'étain* et se transforme en protochlorure.

46. Cuivre. — (Nous ne nous occuperons ici que des sels de protoxyde de cuivre.) Précipité noir par l'*acide sulfhydrique ;*

le sulfure de cuivre n'est pas tout à fait insoluble dans le *sulfhydrate d'ammoniaque*; il est plus insoluble dans le *sulfure de sodium;* il se dissout facilement dans le *cyanure de potassium;* aussi les sels de cuivre ne sont-ils pas précipités par l'acide sulfhydrique en présence d'un excès de ce sel, mais la précipitation a lieu si l'on acidifie le mélange par l'acide chlorhydrique. — L'*ammoniaque* donne dans les sels de cuivre un précipité bleu, très facilement soluble dans un excès avec production d'une liqueur bleu intense (bleu céleste). — La *potasse* donne le même précipité, mais un excès d'alcali ne le redissout pas, si la liqueur ne renferme pas de matières organiques telles que l'acide tartrique. — Une lame de fer décapée, en contact avec un sel de cuivre, surtout en présence d'un peu d'acide libre, se recouvre d'une tache rouge de cuivre métallique. — Le *ferrocyanure de potassium* donne dans les dissolutions de cuivre un précipité brun rouge de ferrocyanure de cuivre, insoluble dans l'acide acétique et les acides minéraux étendus, soluble dans les alcalis; cette réaction est très sensible ; dans le cas de solutions extrêmement diluées, on observe encore une coloration. — La réaction suivante (Denigès) est aussi très sensible, bien qu'un peu moins que la précédente, et très caractéristique. On se sert d'une solution d'*acide bromhydrique* dans l'*acide sulfurique* que l'on prépare en introduisant 25 gr, de bromure de potassium pur (exempt de bromate) dans un ballon de 50^{cc}. On complète 50^{cc} avec l'eau distillée, on fait dissoudre en chauffant, et à la liqueur refroidie et entourée d'eau froide, on ajoute goutte à goutte, en agitant, 25^{cc} d'acide sulfurique pur (exempt de produits nitreux) ; on laisse refroidir et l'on décante pour séparer du bisulfate de potasse. Si à 2 ou 3^{cc} du réactif, on ajoute le sel de cuivre solide ou dissous, on obtient, à froid, une coloration carmin ou lilas plus ou moins pâle, suivant la concentration. La coloration disparaît par addition d'eau, par suite de l'hydratation du bromure de cuivre.

47. Bismuth. — L'*eau* précipite en blanc les solutions des sels de bismuth ramenées à un léger état d'acidité, avec formation de sous-sels; ce précipité est insoluble dans l'*acide tartrique*, ce qui distingue les sels de bismuth des sels d'antimoine. Si l'eau n'a pas produit de trouble, on réussit presque toujours à déterminer la précipitation par l'addition de chlorure de sodium ou de chlorhydrate d'ammoniaque, ce qui tient à ce que le sous-chlorure de bismuth est le sous-sel le plus insoluble. — L'*acide sulfhydrique* donne dans les sels de bismuth un précipité noir de sulfure insoluble dans le *sulfhydrate*.

48. Fer. — Les sels de protoxyde de fer ne sont pas précipités en solution acide par l'*hydrogène sulfuré;* les sels de peroxyde sont réduits et transformés en sels de protoxyde avec mise en liberté de soufre. Le précipité de sulfure noir ne peut être obtenu que par le *sulfhydrate d'ammoniaque* ou les *sulfures alcalins.* Remarquons cependant, que la précipitation du sulfure de fer par l'hydrogène sulfuré pourrait avoir lieu dans les sels de fer à acides organiques acidulés par un excès d'acide ou dans les sels de fer à acides minéraux additionnés d'acétate de soude, même en présence d'un excès d'acide acétique. — Le sulfure de fer est insoluble dans les sulfures alcalins. On peut cependant, en faisant passer de l'hydrogène sulfuré dans une solution d'un sel ferrique additionnée d'acide tartrique (pour empêcher la précipitation par les alcalis) et d'un *excès* de soude et *suffisamment diluée*, obtenir un composé complètement soluble, analogue à ceux que forme le platine en liqueur alcaline (45). La solution a une couleur verte très intense, semblable à celle des manganates alcalins. Cette réaction est la plus sensible du fer. On obtient encore ainsi une coloration intense avec une liqueur ne contenant qu'un dix-millième de fer, très marquée avec un cent-millième, et encore nette avec un millionième. Le ferrocyanure de potassium ne donne déjà

plus aucune indication du fer avec la seconde de ces dilutions, ni les sulfocyanates et le sulfhydrate d'ammoniaque avec la dernière. — L'*ammoniaque* donne avec les sels ferriques, en l'absence des matières organiques telles que l'acide tartrique, un précipité ocreux de sesquioxyde et dans les sels ferreux un précipité de protoxyde blanc qui verdit rapidement et devient enfin brun au contact de l'air ; les sels de protoxyde ne sont pas précipités par l'ammoniaque en présence des *sels ammoniacaux*, mais la liqueur brunit rapidement en laissant déposer un précipité brun d'hydrates d'oxyde salin et de peroxyde. — Le *carbonate de baryte* précipité déplace à froid tout le peroxyde des persels de fer, à l'état d'hydrate mélangé à un sel basique. — Le *ferrocyanure de potassium* donne avec les sels de peroxyde un précipité de *bleu de Prusse*, et avec les sels de protoxyde un précipité blanc bleuâtre qui bleuit rapidement au contact de l'air. — Le *ferricyanure* donne avec les sels de protoxyde un précipité bleu semblable au bleu de Prusse ; il colore en brun les solutions de peroxyde sans les précipiter. On doit employer une solution récente, obtenue en dissolvant un cristal lavé avec un peu d'eau. — Le *sulfocyanate de potasse* est sans action sur les sels de protoxyde et colore en rouge de sang les solutions des sels de peroxyde ; cette couleur disparaît par l'addition d'acétate de potasse (la liqueur prenant la coloration brune de l'acétate de fer) et reparaît par l'acide chlorhydrique. — Les sels de protoxyde sont oxydés par le *permanganate de potasse* qu'il décolore.

Il est rare que les solutions des sels de protoxyde ne soient pas plus ou moins oxydées et ne donnent en même temps les réactions des sels de peroxyde.

49. Aluminium. — La *potasse et l'ammoniaque* donnent avec les sels d'alumine un précipité blanc d'alumine (cette réaction est empêchée par l'acide tartrique et un grand nombre de matières organiques) ; le précipité est soluble dans un excès de

potasse, insoluble dans un excès d'ammoniaque ; aussi l'addition d'une quantité de *chlorhydrate d'ammoniaque* suffisante pour qu'il ne reste pas de potasse libre détermine-t-elle la précipitation de l'alumine dissoute dans un excès d'alcali. On peut ainsi facilement vérifier la présence de quantités plus ou moins grandes d'alumine qui existent toujours dans une solution ancienne de potasse. — Le *carbonate de baryte* précipité déplace à froid l'alumine mélangée avec un sel basique. — Nous ne citerons que pour mémoire la coloration bleue que l'on obtient en chauffant sur le charbon, avec le chalumeau, l'alumine ou ses sels additionnés de nitrate de cobalt ; cette réaction a lieu avec un grand nombre de sels et n'est pas caractéristique.

Aluminates. — Les aluminates alcalins donnent des solutions à réaction alcaline ; les *acides* en précipitent l'alumine ; un excès redissout cette dernière, avec formation d'un sel d'alumine et d'un sel alcalin.

50. Chrome. — Les sels de chrome donnent par la *potasse* et l'*ammoniaque* un précipité vert de sesquioxyde, soluble à froid dans un excès de potasse, et se séparant complètement après une ébullition plus ou moins prolongée, insoluble dans un excès d'ammoniaque ; à froid cependant, de très petites quantités d'oxyde se dissolvent dans un excès d'ammoniaque, en donnant une légère coloration fleur de pêcher. La précipitation du sesquioxyde de chrome est empêchée par l'acide tartrique et les matières organiques analogues. — Le *carbonate de baryte* précipité déplace à froid l'oxyde de chrome à l'état d'hydrate de sesquioxyde mélangé avec un sel basique. La séparation est complète après une digestion suffisamment prolongée. — L'oxyde et ses sels calcinés dans une capsule d'argent ou dans une capsule de porcelaine avec de la *potasse* et du *chlorate de potasse* donnent une masse jaune contenant du chromate alcalin, et qui reprise par l'eau donne une solution jaune ; cette solution

additionnée d'un *sel de plomb* en excès, séparée du chlorure de plomb par filtration et sursaturée par l'acide acétique donne un précipité jaune par les sels de plomb.

Chromates. — L'acide *chromique* et les *chromates* donnent des solutions jaunes ou orangées qui, additionnées d'un acide, sont rapidement réduites par l'*hydrogène sulfuré;* il se précipite du soufre et l'on obtient finalement un sel de sesquioxyde de chrome, donnant une solution verte. Si la liqueur n'est pas acide, la réduction s'arrête à la production d'un précipité brun d'oxyde salin hydraté. Les *corps réducteurs* et un grand nombre de *composés organiques* réduisent de même l'acide chromique. — Les chromates donnent, avec les *sels de plomb*, un précipité jaune de *chromate de plomb*, peu soluble dans l'acide azotique, insoluble dans l'acide acétique, très soluble dans les *alcalis caustiques*, assez soluble dans les *carbonates alcalins* qui le transforment, mais très lentement, même à chaud, en carbonate de plomb. Si l'on n'ajoute qu'une quantité d'alcali insuffisante pour dissoudre complètement le chromate de plomb, une partie se dissout et il se forme des chromates basiques insolubles, de couleur plus foncée (jaune brun ou rouge) qui se dissolvent dans une plus grande quantité d'alcali. Dans un mélange contenant des acides pouvant précipiter les sels de plomb, on caractérisera l'acide chromique en ajoutant un excès de sel de plomb et un excès de soude caustique; la liqueur filtrée additionnée d'acide acétique donne un précipité composé d'un sel basique de plomb et de chromate de plomb; si l'acide acétique est en excès, le sel basique se dissout et le chromate reste insoluble. — Les *chromates* forment, avec les *sels de baryte*, un précipité jaune clair de chromate de baryte, soluble dans les acides chlorhydrique et nitrique, insoluble dans l'acide acétique; les carbonates alcalins le transforment facilement, en solution concentrée et à l'ébullition, en carbonate de baryte et en chromate alcalin (*voir* les propriétés du *chromate de baryte*, **56** p. 82).

Lorsque dans une liqueur contenant de l'acide chromique, même en quantité extrêmement faible, après avoir ajouté un peu d'acide sulfurique dilué, si la réaction est neutre ou alcaline, on ajoute, dans un tube à essai, deux ou trois gouttes d'*eau oxygénée*, on obtient immédiatement une belle teinte bleue, fugace, due à la production d'*acide perchromique*. — Si la teinte est douteuse, on agite le liquide avec un peu d'éther qui, en dissolvant l'acide perchromique, forme une couche supérieure beaucoup plus colorée.

L'*acide chlorhydrique* transforme rapidement à chaud l'acide chromique en sesquichlorure de chrome vert, avec dégagement de chlore ; cette action cesse de se produire à partir d'une certaine dilution, contrairement à ce qui a lieu avec les permanganates. — L'*acide sulfurique* concentré donne à chaud du sulfate de sesquioxyde et de l'oxygène. — L'acide chromique est déplacé par les *acides minéraux*. — L'*acide acétique* transforme partiellement les chromates neutres alcalins en bichromates, mais ne déplace pas l'acide chromique du bichromate, L'acide chromique libre déplace l'acide acétique dans les acétates alcalins. Le bichromate le déplace partiellement.

51. Nickel. — Le *sulfhydrate d'ammoniaque* donne un précipité noir de sulfure. Ce sulfure est un peu soluble dans un excès de réactif, lorsque ce dernier est coloré en jaune par du soufre dissous ; aussi la liqueur qui surnage passe-t-elle toujours colorée en brun à travers le filtre ; elle ne se décolore, avec précipitation de sulfure de nickel, qu'après sursaturation par un acide. C'est une propriété assez caractéristique des sels de nickel.

La coloration est assez intense si le sulfure d'ammonium est fortement chargé de soufre ; mais si le réactif est absolument exempt de soufre, et si l'on évite l'accès de l'air pendant la filtration, la totalité du sulfure reste sur le filtre et la liqueur filtrée est incolore, même lorsque le sulfhydrate a été employé en grand excès.

Il en est de même avec le sulfhydrate de sulfure d'ammonium, avec les dissolutions de sulfure de sodium et le sulfhydrate de sulfure de sodium.

Le sulfure de nickel, aussi bien que celui de cobalt, est insoluble dans l'acide chlorhydrique même assez concentré, plus insoluble même que la plupart des sulfures précipitables par l'hydrogène sulfuré en liqueur acide diluée. Il y a là une sorte de contradiction avec ce fait que les sels de nickel et de cobalt à acide minéral ne sont pas précipités immédiatement, en liqueur acide, par l'acide sulfhydrique. Cette contradiction peut s'expliquer en supposant que les sulfures de ces deux métaux, au moment de leur mise en liberté, éprouvent une condensation comparable à celle produite par la calcination sur l'alumine et sur le sesquioxyde de chrome précipités, et que c'est à cette transformation moléculaire qu'ils doivent leur grande stabilité. Ajoutons, du reste, que les sels de nickel et de cobalt sont très facilement précipitables par l'hydrogène sulfuré, quand on y remplace l'acide minéral par un acide organique, par exemple, par addition d'un acétate alcalin, et cela même dans une liqueur acidifiée par un excès d'acide acétique. — La *potasse* et la *soude* donnent un précipité vert pré insoluble dans un excès. La présence de l'*acide tartrique* empêche complètement la précipitation par la soude, et incomplètement la précipitation par la potasse. — L'*ammoniaque* donne un précipité analogue, mais soluble dans un excès, avec production d'une liqueur bleue. — Le *cyanure de potassium* forme avec les sels de nickel, de même qu'avec ceux de cobalt, un cyanure insoluble. Ce cyanure se dissout dans un excès de réactif avec formation d'un cyanure double soluble, précipitable par l'action des acides ; mais en présence du chlore (*eau de chlore*) ou de l'*hypochlorite de soude* pur, il se forme avec le cobalt un cobalticyanure K^3CoCy^6 dont la solution n'est plus précipitée par les acides, contrairement à ce qui a lieu avec le nickel pour lequel la reprécipitation se fait lentement (il faut quelquefois attendre une heure pour qu'elle se produise). — Les sels de nickel donnent avec le borax, dans la flamme extérieure, une perle d'une coloration peu intense, violacée à chaud, brune à froid, devenant trouble dans la flamme intérieure par suite de la réduction du nickel. Le métal réduit finit par se rassembler en un flocon noir, si l'on continue à chauffer pendant un temps assez long, et la perle se décolore.

Nous verrons dans le paragraphe suivant, comment on peut caractériser le nickel en présence du cobalt.

52. Cobalt. — Le *sulfhydrate d'ammoniaque* donne un précipité noir de sulfure insoluble dans un excès. (*Voir* la remarque faite dans le paragraphe précédent sur l'insolubilité de ce sulfure dans l'acide chlorhydrique et la précipitation possible par l'hydrogène sulfuré dans une liqueur dont l'acidité est due à un acide organique.) — La *potasse* et la *soude* donnent un précipité bleu, insoluble dans un excès, dont la formation est empêchée par la présence de l'acide tartrique. — Le précipité produit par l'*ammoniaque* se redissout facilement, au contraire, en formant une solution brune. — Si dans une dissolution d'un sel de cobalt, additionnée d'un excès de potasse caustique, puis d'acide acétique jusqu'à redissolution du précipité formé, on verse une solution concentrée d'*azotite de potasse* légèrement acidulée par l'acide acétique, il se forme de suite, si la dissolution est concentrée, et au bout de quelque temps, si elle est étendue, un précipité brun, puis jaune et cristallin d'azotite double de cobalt et de potasse. La séparation du cobalt du nickel n'est complète qu'après vingt-quatre heures, à une température tiède.

Les composés du cobalt, même en très petite quantité, donnent avec le *borax* une perle bleue, et ce caractère est important, car il permet de distinguer facilement le cobalt en présence du nickel. On obtient encore une perle bleue avec une partie de sulfure de cobalt mélangée à quatre à cinq parties de sulfure de nickel. Mais si la proportion du cobalt par rapport au nickel est très faible, on ne constate plus la coloration bleue. Dans ce cas, il suffit de chauffer assez longtemps la perle dans la flamme d'un chalumeau à gaz, dans laquelle on ne laisse pénétrer qu'une quantité d'air limitée. Le nickel se réduit, se rassemble en un flocon noir et la perle reste colorée en bleu. Si cette coloration est trop faible, on introduit dans la même perle une nouvelle quantité du mélange. Si l'action de la chaleur a été suffisamment prolongée, on obtient ainsi une coloration bleue aussi intense et aussi nette qu'en l'absence du nickel.

Recherche du nickel en présence du cobalt. — Cette recherche peut être faite par un procédé très rapide, mais qui manque de précision et de certitude, fondé sur la solubilité du sulfure de nickel dans le sulfhydrate d'ammoniaque, lorsque ce dernier contient du soufre en dissolution. Il suffira de verser un très grand excès de ce réactif dans une portion de la liqueur additionnée de chlorhydrate d'ammoniaque et d'ammoniaque. La présence du nickel sera caractérisée par la coloration brune de la liqueur filtrée. On ne doit pas oublier cependant que le sulfure de cobalt commence à se dissoudre lui-même dans ces conditions, si la quantité de soufre dissoute dans le sulfhydrate d'ammoniaque devient très considérable. Il faut donc employer un réactif contenant du soufre, mais n'en renfermant pas une trop grande quantité, ce qui rend la réaction incertaine, si l'on fait usage d'un réactif dont on ne connaît ni l'origine, ni le degré d'altération produite par l'action de l'air.

D'autre part, on ne dissout ainsi qu'une très faible proportion de nickel et la coloration est quelquefoi peu marquée, surtout s'il y a une grande quantité de cobalt.

Il est facile, cependant, en utilisant une réaction analogue à celles que nous avons déjà vues pour le platine et pour le fer, d'obtenir une liqueur exempte de soufre, et contenant en dissolution la *totalité* du nickel, s'il est seul, et une fraction importante de ce métal quand il y a en même temps du cobalt. Si l'on verse, en effet, dans la solution d'un sel de nickel, un excès de soude, après y avoir ajouté une quantité d'acide tartrique suffisante pour empêcher la précipitation de l'oxyde de nickel par l'alcali[1], l'hydrogène sulfuré n'y précipite plus le nickel, mais le sulfure qui se produit reste dissous dans le sulfure de sodium, même après que l'on a fait passer le gaz sulfhydrique jusqu'à refus. On obtient ainsi une liqueur, non plus colorée légèrement en brun, mais complètement noire, qui traverse le filtre sans laisser de résidu. Si, avant de faire passer l'hydrogène sulfuré, on a soin de diluer avec un grand volume d'eau, on peut suivre facilement les changements de couleur de la liqueur qui reste parfaitement limpide.

L'acide tartrique, ajouté au sel de nickel, n'a ici d'autre rôle que d'empêcher la précipitation de l'oxyde. On peut, du reste, constater des faits analogues en traitant immédiatement par l'hydrogène sulfuré l'oxyde de nickel précipité par un excès de soude. Le sulfure de nickel produit se dissout encore en proportion notable dans le sulfure alcalin.

Il n'en est pas de même si l'on fait agir l'hydrogène sulfuré sur une solution ammoniacale d'oxyde de nickel. Le sulfure métallique formé ne se dissout que si l'oxygène de l'air intervient en mettant du soufre en liberté. Si l'on évite le contact de l'air, le sulfure d'ammonium ou le sulfhydrate de sulfure ne dissolvent pas la moindre quantité de sulfure de nickel, et la liqueur filtrée est incolore. Le sulfure de nickel, au moment de sa formation, est donc soluble dans le sulfure de sodium, mais non dans le sulfure d'ammonium, de même que l'alumine précipitée se dissout dans les alcalis et est insoluble dans l'ammoniaque.

Le sulfure de cobalt précipité ne se dissout pas dans les sul-

[1] Cet essai doit être fait avec la soude plutôt qu'avec la potasse qui précipiterait plus ou moins complètement l'oxyde de nickel, malgré la présence de l'acide tartrique.

fures et sulfhydrates de sulfure d'ammonium ou de sodium. Ce n'est que lorsque ces derniers contiennent en dissolution une grande quantité de soufre que l'on peut constater une légère coloration brune de la liqueur filtrée, qui contient alors des traces de cobalt.

Si l'on fait agir l'hydrogène sulfuré sur une dissolution d'un sel de cobalt additionnée d'acide tartrique et d'un excès de soude, le cobalt se précipite complètement à l'état de sulfure, et l'on constate que, si l'on fait passer l'hydrogène sulfuré jusqu'à refus, la liqueur séparée du précipité par filtration ne renferme pas de cobalt et reste complètement incolore, si l'on évite l'action de l'air. Si l'on n'a pas employé une quantité d'acide sulfhydrique suffisante pour saturer l'alcali, de petites quantités de cobalt peuvent être retrouvées dans la liqueur filtrée qui brunit, dans ce cas, au contact de l'air.

Les différences très nettes que l'on constate dans l'action de l'hydrogène sulfuré sur les sels de nickel et sur les sels de cobalt peuvent être utilisées pour rechercher qualitativement les plus petites quantités de nickel en présence d'un très grand excès de cobalt.

La liqueur pouvant contenir ces deux métaux est additionnée d'*acide tartrique* et d'un excès de *soude* (et non de potasse), l'addition de l'acide tartrique ayant pour but d'empêcher la précipitation des oxydes métalliques par l'alcali. L'excès de soude doit être suffisant, non seulement pour saturer les acides contenus dans la liqueur, mais encore pour former le sulfure de sodium avec lequel le sulfure de nickel doit entrer en combinaison. Elle est ensuite soumise à l'action d'un courant d'*hydrogène sulfuré* jusqu'à refus (cette dernière condition étant nécessaire pour obtenir une précipitation complète de cobalt) et filtrée immédiatement. En l'absence complète du nickel, la liqueur filtrée est tout à fait incolore. Ce n'est qu'au bout d'un temps assez considérable qu'elle jaunit sous l'action de l'air, par suite d'une mise en liberté du soufre. La présence du nickel est, au contraire, indiquée par la coloration de la liqueur, noire, si ce métal est en quantité notable; brune, si la proportion est faible; sensible encore, s'il n'y a que des traces de métal. On peut ainsi constater la présence du nickel dans un grand nombre de sels de cobalt du commerce, vendus comme purs. Si l'on ajoute quelques millièmes d'un sel de nickel à un sel de cobalt pur, la réaction donne des indications très nettes.

La séparation du sulfure de cobalt détermine un entraînement d'une fraction du nickel dans des proportions variant avec la dilution du liquide. Inversement, une certaine quantité de cobalt reste en dissolution dans un liquide contenant un grand excès de nickel. Aussi ne peut-on utiliser la réaction précédente pour la séparation quantitative des deux métaux; mais, au point de vue qualitatif, la coloration noire ou brune, après l'action de l'hydrogène sulfuré, permet de caractériser la présence de quantités notables ou de traces de nickel en présence du cobalt, d'une manière beaucoup plus rapide et plus sûre que toutes les méthodes qui ont été indiquées dans ce but.

On doit opérer en l'absence de sels ammoniacaux et éviter la présence d'une quantité notable de sels étrangers, dont la présence rend plus rapide les transformations moléculaires du sulfure de nickel et s'oppose à la production d'une combinaison soluble avec le sulfure alcalin. On peut très avantageusement faire l'essai en précipitant par le sulfhydrate d'ammoniaque la liqueur traitée par l'hydrogène sulfuré et par l'ammoniaque, séparant les sulfures de zinc et de manganèse par l'acide chlorhydrique dilué, dissolvant les sulfures de nickel et de cobalt dans un peu d'eau régale, dont on évapore complètement l'excès au bain-marie, et reprenant par l'eau.

Si l'on se trouve en présence d'une quantité de cobalt extrêmement faible, la précipitation du sulfure de cobalt peut être empêchée par la dilution, et l'on obtient, dans ce cas, une liqueur plus ou moins colorée en brun clair, en l'absence du nickel. On évitera cette cause d'erreur en employant un assez grand excès de soude.

53. Zinc. — Le *sulfhydrate d'ammoniaque* donne un précipité blanc de sulfure, insoluble dans un excès. Ce sulfure n'est pas attaqué par l'acide acétique ; aussi les sels de zinc à acides organiques sont-ils précipitables par l'hydrogène sulfuré, de même que les sels à acides minéraux, après addition d'acétate alcalin, même en présence d'un excès d'acide acétique. — L'*ammoniaque* et la *potasse* donnent un précipité blanc, soluble dans un excès de chacun de ces deux réactifs ; cette solution est précipitable par l'*hydrogène sulfuré*. — Le *ferrocyanure de potassium* donne un précipité blanc jaunâtre, insoluble dans l'acide chlorhydrique. — Le *ferricyanure*, un précipité jaune sale, soluble dans l'acide chlorhydrique. — L'oxyde et le sulfure de zinc se colorent en jaune par l'action de la chaleur et redeviennent blancs par refroidissement.

Zincates. — Les combinaisons de l'oxyde de zinc avec les alcalis donnent des solutions à réaction alcaline ; les *acides* en précipitent de l'oxyde de zinc ; un excès redissout ce dernier, avec formation d'un sel de zinc et d'un sel alcalin.

Caractères du sulfure de zinc. — Le zinc étant généralement séparé à l'état de sulfure dans les recherches qualitatives et même dans les analyses quantitatives, il est utile de rappeler ici quelques-unes des conditions qui peuvent influer sur la précipitation de ce corps et sur les caractères du sulfure de zinc.

Le sulfure de sodium donne, avec une solution de sulfate de zinc, un précipité de sulfure de zinc ; si l'on remplace le sulfure alcalin par le sulfhydrate de sulfure, le sulfure de zinc se forme encore si l'on emploie ce dernier en quantité équivalente ; si l'on verse le double de sulfhydrate de sulfure, on n'obtient pas de précipité, mais une liqueur limpide ou opalescente, qui fournit un précipité lorsqu'on ajoute, soit de la soude, soit un acide.

La combinaison soluble du sulfure de zinc et du sulfhydrate de sulfure alcalin, comparable à celle de l'oxyde de zinc et de l'hydrate de potasse, se produit encore plus nettement de la manière suivante.

Si, dans la liqueur alcaline obtenue en versant une dissolution de sulfate de zinc dans de la soude, jusqu'à ce que l'oxyde de zinc cesse de se redissoudre, on fait passer de l'hydrogène sulfuré, on constate que les premières bulles de gaz déterminent la précipitation du zinc à l'état de sulfure. Si l'on continue l'action de l'hydrogène sulfuré, ce précipité se redissout et l'on obtient en quelques instants une liqueur complètement limpide, pourvu que la dilution soit assez grande, par exemple, avec une liqueur préparée avec des solutions de soude et de sulfate de zinc à 10 p. 100 et diluée ensuite au dixième. Les acides faibles et les alcalis y précipitent encore du sulfure de zinc; la même précipitation se produit à l'ébullition.

Si, après avoir fait passer les premières portions d'hydrogène sulfuré, de manière à précipiter le sulfure de zinc, on ne prolonge pas l'action du courant gazeux et si l'on conserve le mélange à l'abri de l'air, on constate, au bout d'un certain temps, que le sulfure de zinc n'est plus susceptible de se redissoudre par l'action d'une nouvelle quantité d'hydrogène sulfuré, quel que soit le temps pendant lequel on fait passer ce gaz dans la liqueur.

Cette transformation peut être immédiate ou lente, elle est d'autant plus rapide que la température est plus élevée; elle se produit instantanément à partir d'une certaine température, variable pour chaque milieu, d'autant moins élevée que la liqueur est moins alcaline, la dilution moins grande, et que la liqueur contient une plus grande quantité de sels étrangers dissous, notamment des sels alcalins et des sels d'ammonium.

Si l'on précipite du zinc en solution alcaline par l'acide sulfhydrique, dans des conditions telles que le sulfure se produise et demeure à l'état soluble dans un excès d'hydrogène sulfuré, pendant plusieurs jours, et si on lave par décantation le précipité avec de l'eau refroidie et contenant en dissolution de l'hydrogène sulfuré, en évitant l'accès de l'air, de telle sorte que les transformations qui pourront être observées ne puissent être attribuées à une perte d'hydrogène sulfuré, ou à une oxydation, le précipité disparaît à un moment donné tout entier; mais on constate, si le précipité primitif est assez considérable et si le lavage dure un temps suffisant, que la partie qui reste dans le fond du vase se transforme lentement et contient, même avant que le lavage ne soit complet, une certaine proportion de sulfure insoluble dans une quantité de sulfhydrate de sulfure de sodium supérieure à celle dans laquelle il pouvait se dissoudre complètement au début. Cette influence du lavage, qui détermine ainsi une cristallisation du sulfure de zinc, malgré la dilution résultant de ce lavage et la disparition des sels étrangers qui ne peuvent que faciliter cette cristallisation, peut être expliquée par la diminution progressive de l'alcalinité de la liqueur.

Le sulfure de zinc, même après cette transformation, se dissout complètement, à un moment donné, dans l'eau chargée d'hydrogène sulfuré.

On peut constater très nettement l'existence de deux variétés de sulfure de zinc précipité possédant par rapport au sulfure anhydre la même composition. Chacune d'elles peut exister sous des états d'hydratation et de condensations variables, mais elles sont complètement distinctes, et nous n'avons pu les transformer directement l'une dans l'autre, entre zéro et 100 degrés. L'une se produit avec les composés dans lesquels l'oxyde de zinc (oxyde indifférent) joue le rôle d'un acide, l'autre avec les composés dans lesquels il joue le rôle d'une base.

Sulfure de zinc acide. — Le sulfure de zinc amorphe, obtenu dans certaines conditions, par l'action de l'hydrogène sulfuré sur une solution alcaline de zincate de soude, se présente au microscope sous la forme de masses transparentes, gélatineuses. Une fois qu'il a été transformé, par l'action de la chaleur, ou sous plusieurs autres influences, on constate qu'il s'est subdivisé en particules distinctes, infiniment petites, transparentes, qui ne présentent une apparence de cristallisation, il est vrai, que sous les plus forts grossissements, mais dont l'ensemble diffère complètement du sulfure amorphe obtenu d'abord. Pas plus qu'avant sa transformation, il n'exerce aucune action sur la lumière polarisée. Le sulfure transformé, s'il est cristallisé, ce que nous ne croyons pas pouvoir affirmer sans quelques réserves, vu son état d'extrême division, appartient au système cubique. La différence survenue dans ses propriétés chimiques, démontre, du reste, qu'il a subi une modification profonde.

Outre son aspect au microscope, la solubilité de ce sulfure de zinc, transformé ou non, dans une dissolution aqueuse d'hydrogène sulfuré permet de le différencier du sulfure basique. Cette solubilité peut être observée, même après qu'il a été débarrassé de toute trace d'alcali par des lavages multipliés à l'eau bouillante, dans des ballons remplis et bouchés pour éviter l'accès de l'air. La dissolution se fait immédiatement quand le sulfure est amorphe, beaucoup plus lentement quand il est transformé, mais la quantité qui se dissout finalement paraît être la même dans les deux cas.

Sulfure de zinc basique. — Le sulfure de zinc précipité d'une dissolution d'un sel de zinc par l'hydrogène sulfuré peut encore exister sous deux états, amorphe et cristallisé, et passer du premier dans le second, dans des conditions comparables à celles dans lesquelles s'opère la transformation du sulfure acide, précipité d'une liqueur alcaline. La température de transformation dépend en outre de la nature des acides combinés à l'oxyde de zinc et paraît être d'autant plus élevée que l'acide est plus faible. C'est ainsi que le sulfure se précipite presque toujours à l'état cristallisé dans une solution de sulfate de zinc, amorphe, dans le cas de l'acétate. Mais il est facile cependant, en s'appuyant sur les observations faites sur le sulfure de zinc acide, de l'obtenir amorphe ou cristallisé, soit avec le sulfate, soit avec l'acétate.

Ce sulfure diffère complètement du sulfure acide.

Le sulfure cristallisé obtenu, immédiatement ou après transformation du sulfure amorphe, se présente au microscope sous l'aspect de petits prismes déliés, très nets, et qui, malgré leur opacité assez grande, exercent une action très marquée sur la lumière polarisée.

Le sulfure cristallisé est complètement insoluble dans l'eau chargée d'hydrogène sulfuré, qui ne dissout du reste que des traces négligeables du sulfure amorphe.

Remarquons, en terminant, que le sulfure de zinc (sulfure acide) peut subsister après qu'il a été formé, malgré l'addition d'un léger excès d'acide tel que l'acide acétique. On peut même le précipiter d'une liqueur primitive acide, lorsque l'acidité est due à un acide à fonction alcoolique. C'est ce qui a lieu si l'on ajoute un petit excès d'acide tartrique dans une solution alcaline de zincate de soude. On peut séparer par l'acide sulfhydrique de cette liqueur un sulfure de zinc soluble dans l'eau chargée d'hydrogène sulfuré. Cette exception apparente s'explique en admettant que le sulfure de zinc joue ici un rôle semblable à celui des oxydes acides dans les émétiques.

Au point de vue analytique, les faits précédents montrent que, dans la séparation des métaux, la précipitation du sulfure de zinc pourrait, dans certaines conditions, ne pas se produire ou être incomplète. On ne doit faire usage que des sulfures alcalins et non des sulfhydrates de sulfures, surtout si l'on fait la précipitation à froid ; de même, on ne peut substituer à l'emploi des sulfures alcalins celui de l'acide sulfhydrique, en faisant passer ce gaz dans la liqueur alcaline et la précipitation du sulfure de zinc par l'hydrogène sulfuré dans un milieu alcalin ne doit être effectuée que dans le liquide sursaturé par l'acide acétique. Le sulfure de zinc précipité en liqueur acide présente aussi l'avantage de pouvoir être séparé par filtration et lavé plus facilement.

54. Manganèse. — Le *sulfhydrate d'ammoniaque* donne un précipité de sulfure de couleur chair, insoluble dans un excès. Ce sulfure est soluble dans l'acide acétique. — La *potasse* et l'*ammoniaque* donnent avec les sels de manganèse, un précipité blanc d'hydrate de protoxyde insoluble dans un excès ; le précipité brunit rapidement au contact de l'air en se transformant en hydrate d'oxyde salin. Le *chlorhydrate d'ammoniaque* empêche la précipitation par l'ammoniaque, par suite de la formation de sels doubles, mais la liqueur ne tarde pas à brunir en laissant déposer de l'oxyde salin. Cette production de l'oxyde salin, soit dans la solution ammoniacale, soit par la transformation du précipité de protoxyde, est très caractéristique. — Une solution neutre, acide ou alcaline d'un sel de protoxyde de manganèse, donne avec le *manganate* ou le *permanganate de potasse* un précipité brun noir d'*oxyde salin*, facilement attaquable par l'acide chlorhydrique avec dégagement de chlore. — Les composés du manganèse chauffés avec un peu de *potasse* et de *chlorate de potasse* dans une capsule de porcelaine donnent une masse verte de manganate, soluble dans l'eau avec production d'une liqueur verte qui devient rose quand on l'acidule par un acide étendu en se transformant en permanganate. Cette réaction est extrêmement sensible.

Lorsqu'un corps oxydable se trouve dans un milieu susceptible de fournir de l'oxygène, mais dans des conditions telles que l'oxydation ne commence pas encore ou ne se produise que très lentement, l'addition d'une trace d'un sel de manganèse, dans un grand nombre de cas, détermine ou accélère très notablement la réaction.

Si l'on chauffe, par exemple, une solution d'acide oxalique, avec de l'acide chlorhydrique et de l'acide azotique, dilués de telle sorte qu'il ne se produise pas de dégagement gazeux et si l'on ajoute une trace d'un sel quelconque de manganèse, la décomposition de l'acide oxalique commence en quelques instants; même si l'on cesse de chauffer, il se dégage de l'acide carbonique et de l'azote. Si l'on recommence à chauffer, on peut ainsi détruire en quelques minutes la totalité de l'acide oxalique, quelle qu'en soit la proportion, sans nouvelle addition de manganèse. Il suffit d'introduire de temps en temps de l'acide azotique, s'il n'y en a pas un excès dès le début, afin de remplacer celui qui a fourni son oxygène dans l'oxydation. Ce procédé de destruction de l'acide oxalique est d'une application très commode dans certain cas d'analyse.

Si l'on fait usage d'acides plus concentrés, l'acide oxalique, dans l'expérience précédente, peut être légèrement attaqué à chaud, en l'absence du manganèse. Mais l'action de ce métal ne s'en manifeste pas moins par la rapidité du dégagement gazeux, après son introduction.

Manganates et permanganates. — Les manganates et permanganates sont décomposés par les *réducteurs* et par les *composés organiques*; aussi ne peut-on filtrer leurs solutions sur du papier sans les altérer. Les produits de réduction sont les sels de protoxyde ou l'oxyde salin, suivant que la liqueur est acidulée ou non. Dans la liqueur acide traitée par l'*hydrogène sulfuré* pour la recherche des métaux, ils sont transformés en sels de manganèse avec mise en liberté de soufre.

— Les *manganates* donnent des solutions vertes qui ne sont

stables qu'en présence d'un excès d'alcali caustique. Si on les dilue avec de l'eau, elles rougissent, par suite d'un dédoublement en permanganate et en bioxyde hydraté :

$$3\,MnO^4K^2 + 2H^2O = 2\,MnO^4K + MnO^2 + 4\,KOH.$$

Si la liqueur est très alcaline, cette réaction exige une assez grande quantité d'eau, et, dans ce cas, l'oxygène dissous empêche la précipitation du bioxyde; le manganate se transforme alors complètement en permanganate.

Les *acides*, même les plus faibles, tels que l'acide carbonique déterminent la transformation des manganates en permanganates; il se produit, en même temps, un sel de manganèse :

$$5\,MnO^4K^2 + 4\,SO^4H^2 = SO^4Mn + 3SO^4K^2 + 4\,MnO^3K + 4\,H^2O.$$

L'*acide chlorhydrique* dilué donne d'abord la même réaction puis la liqueur brunit, par suite d'une mise en liberté progressive de chlore qui se fixe sur le chlorure de manganèse. Lorsqu'il est concentré, il détruit rapidement l'acide permanganique, et l'on obtient finalement du chlorure de manganèse et du chlore.

— Les *permanganates* donnent des solutions rouges. Les *alcalis caustiques* les transforment assez rapidement à chaud en manganates, avec précipitation de bioxyde de manganèse et dégagement d'oxygène.

$$2\,MnO^4K = MnO^4K^2 + MnO^2 + O^2.$$

Ils sont décomposés par l'acide *chlorhydrique*, ainsi qu'il a été dit, même par l'acide dilué.

55. Calcium. — Précipité par les *carbonates alcalins*. — La liqueur précipitée par le *sulfate de soude*, filtrée et additionnée d'*acétate de soude*, si elle est acide, précipite en blanc par l'*oxalate d'ammoniaque*; le précipité est insoluble dans l'*acide acétique*. Il est indispensable, pour caractériser les sels de chaux par l'oxalate d'ammoniaque, d'ajouter auparavant un excès d'un sulfate, afin d'éliminer la baryte et la strontiane, si ces

bases existaient simultanément, et de n'essayer la réaction que sur la liqueur filtrée contenant la chaux à l'état de sulfate ; les sels de baryte et surtout de strontiane donnent, en effet, avec l'oxalate d'ammoniaque, des précipités très difficilement solubles dans l'acide acétique. — Le chlorure de calcium n'est pas précipité par le *bichromate de potasse*. Le *chromate neutre* donne avec les solutions concentrées un précipité jaune, soluble dans l'eau, dans l'acide acétique et dans le bichromate de potasse. — Le *chlorure de calcium* est assez soluble dans l'*alcool absolu* ; le *nitrate* y est très soluble. — Les sels de calcium acidulés par l'acide chlorhydrique colorent la flamme en rouge orangé. Le spectre du chlorure de calcium contient une bande orangée et une bande verte brillante. Cette dernière, si la dispersion n'est pas très grande, masque la première raie verte du baryum, mais est très éloignée des deux autres.

56. Baryum. — Précipité par les *carbonates alcalins*, l'*acide sulfurique*, les *sulfates alcalins*, et le *sulfate de chaux*, par le *bichromate de potasse*, le *chromate de strontiane*, l'*acide hydrofluosilicique*. La formation de ce dernier précipité est facilitée par l'addition d'alcool. On obtient une précipitation complète en ajoutant à la liqueur un excès d'acide hydrofluosilicique, puis un volume d'alcool égal à celui du mélange ; on porte à l'ébullition et on laisse la liqueur s'éclaircir par le repos. L'acide hydrofluosilicique doit être employé en solution relativement récente ; une solution ancienne pourrait donner un précipité en l'absence de la baryte et surtout entraîner la strontiane dans le précipité produit en présence de la baryte ; le précipité qu'un réactif ancien donne quelquefois à froid, en l'absence de la baryte, avec les sels de strontiane et de chaux, est gélatineux ; il se redissout généralement à chaud d'une manière complète, et ne se reforme pas par refroidissement. On devra vérifier le réactif à ce point de vue. — Le précipité de *sulfate de baryte* est à peu près insoluble dans les acides chlor-

hydrique et azotique dilués. Il est assez soluble dans les solutions concentrées d'azotate et de chlorure de calcium; une solution suffisamment diluée de chlorure de baryum, additionnée d'une grande quantité de chlorure de calcium n'est plus précipitée par le sulfate de chaux. — *L'oxalate d'ammoniaque* donne un précipité blanc qui se dissout difficilement dans l'*acide acétique* lorsqu'il est récent; cette solution laisse bientôt se déposer du bioxalate. — Le *chromate neutre de potasse* donne avec le chlorure de baryum un précipité jaune clair de chromate neutre de baryte, très insoluble dans l'eau, insoluble dans l'acide acétique. Le *bichromate de potasse* donne avec le chlorure de baryum du chromate neutre de baryte, avec mise en liberté de la moitié de l'acide chromique :

$$BaCl^2 + K^2Cr^2O^7 = BaCrO^4 + 2KCl + CrO^3.$$

Cet acide chromique dissout une partie du chromate de baryte en formant un bichromate un peu soluble, ce qui rend incomplète la précipitation de la baryte; l'addition d'un *acétate alcalin* empêche cette mise en liberté d'acide chromique et détermine une précipitation complète, même en présence de l'acide acétique et la liqueur filtrée après ébullition n'est plus troublée, même à chaud, par addition d'un sulfate. — Le *chlorure de baryum* ne se dissout à froid que dans 10 000 p. d'*alcool*. — Les sels acidulés par l'acide chlorhydrique colorent la flamme en vert. Dans le spectre du chlorure de baryum on observe trois bandes vertes : la première, voisine du jaune, est un peu plus pâle, les deux autres, situées près du bleu, sont très brillantes et séparées l'une de l'autre, par un intervalle obscur étroit, très nettement limité. Ces deux dernières sont absolument distinctes de la raie verte brillante, unique, que l'on aperçoit avec le chlorure de calcium.

57. Strontium. — Précipité par les *carbonates alcalins*, par l'*acide sulfurique*, les *sulfates alcalins* et le *sulfate de chaux*. Le

précipité de *sulfate* se produit toujours lentement, et au bout d'une ou plusieurs heures seulement, si la liqueur est très diluée. La précipitation est beaucoup plus rapide à chaud. Le précipité de sulfate de strontiane est très soluble dans les acides chlorhydrique et azotique, et la présence d'un petit excès de ces acides peut empêcher complètement la précipitation de la strontiane par le sulfate de chaux. Il est soluble dans une grande proportion d'azotate ou de chlorure de calcium qui empêchent également la recherche de la strontiane par le sulfate de chaux. D'autre part, il ne faut pas oublier que la solubilité du sulfate de chaux passe par un maximum vers 40° et qu'elle est un peu moins grande à 100° qu'à la température ordinaire. Une solution saturée de sulfate de chaux peut donner à l'ébullition un léger dépôt, généralement adhérent aux parois. Cette cause d'erreur n'est pas à craindre si le réactif a été légèrement dilué par l'addition du liquide examiné, d'autant plus que la présence des sels étrangers augmente la solubilité du sulfate de chaux. — Pas de précipité par l'acide *hydrofluosilicique*. — *L'oxalate d'ammoniaque* donne un précipité à peine soluble dans l'*acide acétique*. — Le *chromate neutre de potasse* donne, avec les solutions pas trop diluées, de chlorure de strontium, un précipité jaune clair de chromate neutre, soluble dans l'acide acétique. Le *bichromate de potasse* ne précipite pas le chlorure de strontium; il dissout même facilement le chromate neutre de strontiane. Après addition d'*acétate alcalin* et d'*acide acétique*, les chromate et bichromate de potasse ne précipitent pas le chlorure de strontium; mais en présence de la baryte, une grande partie, et même la totalité, de la strontiane peut être entraînée avec le chromate de baryte, dans le précipité obtenu avec le chromate de potasse. — Les sels acidulés par l'acide chlorhydrique colorent la flamme en rouge. Dans le spectre du chlorure de strontium, on aperçoit deux bandes rouges, très brillantes, une bande rouge orangée très voisine de la raie du sodium et une bande bleue très brillante, qui le différencie du spectre donné par le chlorure de calcium. La présence du fer n'empêche pas de distinguer les raies des métaux alcalino-terreux. S'il y avait du cuivre en quantité appréciable, il serait bon de l'éliminer, au préalable, par l'hydrogène sulfuré, et de chercher les terres dans la liqueur filtrée et concentrée par évaporation.

58. Magnésium. — Les sels de magnésie donnent, avec les *carbonates alcalins*, un précipité qui se dissout, avec formation des sels doubles, dans le chlorhydrate d'ammoniaque et autres sels ammoniacaux ; aussi la présence de ces derniers empêche-t-elle la précipitation. — La *potasse*, la *baryte* précipitent la magnésie de ses dissolutions, en l'absence des sels ammoniacaux. — L'*ammoniaque* précipite une partie de la magnésie dans les dissolutions neutres, exemptes de sels ammoniacaux ; l'autre partie reste en dissolution à l'état de sel double formé par le sel ammoniacal, provenant de la précipitation de la première. — Les solutions des sels de magnésie additionnées de *chlorhydrate d'ammoniaque*, d'*ammoniaque*, et de *phosphate de soude* donnent un précipité cristallin de phosphate ammoniaco-magnésien ($PO^4MgAzH^4 + 6H^2O$), dont on facilite la formation par l'agitation, s'il y a peu de magnésie.

59. Ammoniaque. — Les sels ammoniacaux sont tous volatilisables ou décomposables par l'action de la chaleur. — Chauffés dans un tube à essai avec de la potasse, ils laissent dégager de l'ammoniaque, reconnaissable à son odeur et à sa réaction sur un morceau de papier de tournesol imbibé d'eau.

Pour reconnaître de petites quantités d'ammoniaque, on emploie le *réactif de Nessler*, que l'on prépare en dissolvant 10 grammes d'iodure de potassium dans 25^{cc} d'eau et ajoutant à chaud de l'iodure rouge de mercure, jusqu'à ce qu'il ne s'en dissolve plus dans l'iodure alcalin. Après le refroidissement, on étend avec 100^{cc} d'eau, on laisse un peu reposer, on filtre et on ajoute 150^{cc} d'une lessive concentrée de potasse. Si cette addition troublait la liqueur, on la filtrerait de nouveau.

Si l'on verse ce réactif dans une liqueur contenant de l'ammoniaque libre ou combinée, il se forme un précipité jaune, ou seulement une coloration jaune si la liqueur ne contient que des traces d'ammoniaque. Ce précipité est formé par le composé $AzHg^2I + H^2O$

$$2(HgI^2, 2KI) + 3KOH + AzH^3 = (AzHg^2I + H^2O) + 7KI + 2H^2O.$$

La chaleur favorise la précipitation ; les chlorures alcalins ne la gênent pas ; mais elle est empêchée par le cyanure et le sulfure de potassium. Il ne faut pas oublier que le précipité se dissout facilement dans les sels ammoniacaux. Quelques gouttes de réactif versées dans un excès de chlorhydrate d'ammoniaque donnent un précipité qui disparaît par l'agitation. Mais cette cause d'erreur n'est pas à craindre, quand on ne s'en sert, ainsi qu'on le fait généralement, que pour la recherche des traces d'ammoniaque.

60. Potassium. — Pas de précipité par les réactifs généraux. — Le *bichlorure de platine* donne, dans les liqueurs neutres ou acidulées par l'acide chlorhydrique, un précipité jaune grenu de chlorure double, précipité dont on facilite la formation par l'agitation, et qui, si les liqueurs sont très étendues, ne se produit qu'après concentration suffisante. Ce chlorure double est surtout insoluble dans l'eau alcoolisée. Mais l'addition d'alcool peut donner lieu à des erreurs et déterminer la cristallisation de sels tels que du sulfate, du phosphate de soude, ou encore du chlorure de sodium ; nous verrons, du reste (p. 116), comment on peut transformer les premiers sels ; quant au chlorure de sodium, il ne sera jamais précipité par l'alcool, si l'on a soin d'ajouter un excès de chlorure de platine, qui transformera le chlorure de sodium en chlorure double de platine et de sodium, très soluble dans l'alcool. On ne devra pas oublier que le chlorure de platine donne, avec les sels ammoniacaux, un précipité analogue ; on devra donc, si l'on est en présence de ces derniers, les éliminer complètement par une calcination

préalable, ou par l'action de l'eau régale. — Les solutions de potasse qui ne sont pas trop diluées précipitent par l'addition d'une solution concentrée d'*acide perchlorique*, d'*acide tartrique* ou d'*acide picrique*, avec production de perchlorate, bitartrate ou de picrate. — Les sels acidifiés par l'acide chlorhydrique colorent la flamme en violet, mais la coloration est facilement masquée par suite de la présence d'autres métaux.

61. Sodium. — Pas de précipité par les réactifs généraux, ni par le *bichlorure de platine*. — Les sels colorent la flamme en jaune ; mais des traces impondérables de sels de soude suffisent pour produire cette coloration. — Une solution récente (*voir* p. 13) de *méta-antimoniate acide de potasse* donne un précipité blanc par l'agitation ; mais nous avons vu qu'on ne peut guère compter sur ce réactif, lorsqu'il a été préparé depuis quelque temps. On ne devra, dans tous les cas, le verser que dans une liqueur neutre ou légèrement alcaline, les acides libres pouvant précipiter de l'acide antimonique. Une grande quantité de sels de potasse peut empêcher la réaction ; on devra donc de préférence, si l'on doit rechercher la soude dans une liqueur contenant des acides volatils, éliminer ces derniers par volatilisation, plutôt que de les saturer par la potasse. — En l'absence de la lithine, ce qui est le cas général, nous caractériserons surtout la soude par l'existence d'un résidu fixe, après évaporation de la liqueur débarrassée des métaux précédents et des acides fixes, par les méthodes de séparation que nous étudierons plus loin.

62. Lithium. — Pas de précipité par les réactifs généraux, ni par le *bichlorure de platine*. — Une solution concentrée et alcalinisée par la *potasse* donne à l'ébullition un précipité par le *phosphate de soude*. — Les sels colorent la flamme en rouge, mais cette coloration peut être masquée par une grande proportion de sels de soude. Il faut avoir recours au spectroscope pour déceler la présence de petites quantités de lithine (p. 33).

CHAPITRE IX

DÉTERMINATION DU MÉTAL D'UN SEL SIMPLE INSOLUBLE DANS L'EAU ET SOLUBLE DANS LES ACIDES

63. Dissolution. — On dissoudra le sel, soit à froid, soit à chaud, après destruction, s'il y a lieu, des matières organiques carbonisables, dans l'acide chlorhydrique étendu, ou concentré, ou dans l'acide azotique, ou enfin dans l'eau régale, en suivant les recommandations faites plus haut, c'est-à-dire en observant soigneusement les produits qui pourront être dégagés pendant la dissolution, et qui donneront des indications utiles sur la nature de l'acide, comme nous le verrons plus loin (production d'acides carbonique, sulfureux, cyanhydrique, de soufre), ou sur le degré d'oxydation de l'oxyde (dégagement de chlore).

64. La marche à suivre sera la même que dans le cas d'un sel dissous dans l'eau. On essayera d'abord l'action de l'*acide chlorhydrique*, si l'on ne s'est pas servi de cet acide lui-même pour effectuer la dissolution. Si l'on n'a pas de précipité par l'acide chlorhydrique, on fera passer dans la liqueur de l'*acide sulfhydrique*. Enfin, on essayera l'action de l'*ammoniaque* qui se trouvera en présence du *chlorhydrate d'ammoniaque*, les premières portions du réactif servant à neutraliser l'acide libre. Ici, un plus grand nombre de corps pourront être précipités, ainsi qu'il a été expliqué page 47, et la marche à suivre devra être modifiée, ainsi qu'il est dit dans le tableau suivant :

65. Détermination du métal d'un sel simple insoluble dans l'eau et soluble dans les acides.

(La recherche du métal se fera exactement comme pour les sels dissous dans l'eau, sauf dans l'étude du précipité qui peut être produit par l'*ammoniaque* en présence du *chlorhydrate d'ammoniaque*, dans le cas où le sel n'est ni un carbonate, ni un sulfure, ni un sulfite, ni un hyposulfite, ni un cyanure, ce qu'on aurait reconnu dans la dissolution, et où l'on peut être en présence des acides phosphorique, borique, oxalique, etc.).

Liqueur non précipitable par H^2S. — Chasser H^2S à l'ébullition et ajouter un peu d'*ac. azotique* pour peroxyder le fer; puis dans une partie de la liq. chaude, ajouter AzH^3 en excès. Il se forme un *pr. permanent*.	Ocreux			Fe [1]
	Vert			Cr
	Blanc.	Chauffer une partie de la liq. avec du *sulfate de de chaux*. Il se forme un *pr.* immédiat ou lent.	La solution primitive colore la flamme en vert	Ba
			La solution primitive colore la flamme en rouge	St
		S'il ne se forme pas de précipité par le sulfate de chaux, *même après un certain temps*, ajouter à une autre partie de la liqueur un peu d'*acide sulfurique*. Il se forme un *précipité* surtout après addition d'*alcool*		Ca
		Calciner une petite portion du sel primitif avec du *chlorate de K* et de la *potasse* caustique dans une petite capsule. Il se forme du *manganate* vert.		Mn
		A une partie de la solution primitive qui a donné des résultats négatifs dans les essais précédents, ajouter de l'*ac. tartrique*, puis de l'*ammoniaque* en excès.	Pas de *précipité permanent*	Al
			Précipité permanent.	Mg

[1] On distinguera le degré d'oxydation comme précédemment, si la solution n'a pas été faite avec l'acide azotique.

Remarque. — Bien qu'il s'agisse d'un sel isolé, on doit, comme dans le cas d'un sel soluble, continuer la recherche des métaux, lorsqu'on a caractérisé un métal pouvant exister à l'état d'oxyde acide dans le sel analysé (*Voir* p. 51).

CHAPITRE X

DÉTERMINATION DU MÉTAL D'UN SEL SIMPLE INSOLUBLE DANS L'EAU ET DANS LES ACIDES

66. Dissolution. — Ces sels sont en petit nombre, et la détermination en sera facile à la suite d'une désagrégation préalable, permettant de les amener à l'état de dissolution. On les calcinera au rouge dans un creuset de platine ou de porcelaine, suivant les cas (67), avec du carbonate de potasse ou de soude, ou mieux avec un mélange à équivalents égaux de ces deux carbonates alcalins, mélange plus fusible que chacun des deux pris isolément; on emploiera un excès de carbonates alcalins, 4 ou 5 parties. Par cette opération, les sulfates terreux et le sulfate de plomb seront transformés en carbonates avec production de sulfates alcalins, de sorte que le résidu laissé par l'eau sera soluble dans les acides. On conçoit, du reste, que ce résidu devra être lavé d'une manière complète, car s'il restait du sulfate alcalin, les sulfates insolubles se reformeraient après l'action de l'acide chlorhydrique. De même dans ce traitement, la silice et les silicates seront transformés en silicates alcalins solubles dans l'eau, l'oxyde étant soluble dans l'eau ou dans les acides. Les chlorure, bromure et iodure d'argent donneront de l'argent métallique et des chlorures, bromures et iodures alcalins. Enfin, les oxydes naturels insolubles dans les acides, ou les oxydes artificiels rendus insolubles par calcination (oxyde de chrome, d'aluminium, d'étain, d'an-

timoine), et les composés naturels dans lesquels ces oxydes jouent le rôle d'acides combinés avec un oxyde basique donneront des produits solubles dans les acides, et des combinaisons avec les alcalis solubles dans l'eau ; dans les solutions acides ou aqueuses, on pourra ensuite séparer l'oxyde basique et l'oxyde acide ou indifférent (p. 24). On voit que cette méthode est d'une application générale.

Si le corps insoluble dans l'eau et les acides était du charbon ou du soufre, la nature de ces corps serait facile à reconnaître par combustion sur une lame de platine.

67. Nous allons passer en revue les principaux sels insolubles dans l'eau et dans les acides formés par les acides proprement dits. Le nombre de ces sels est peu considérable, et la détermination en sera par suite des plus faciles.

Nous écarterons d'abord le *sulfate de chaux* et le *chlorure de plomb* qui sont, le second surtout, assez solubles pour qu'on en puisse déterminer le métal par les méthodes relatives aux sels solubles.

Ces sels sont les suivants : *chlorure*, *bromure*, *iodure d'argent*, *sulfate de plomb*, *sulfate de baryte* et *de strontiane*, *silicates*, *fluorure de calcium*.

On fera un premier essai consistant à humecter le sel insoluble avec du *sulfhydrate d'ammoniaque*. Si le sel noircit, on conclura à la présence du plomb ou de l'argent, et on opérera le traitement par les carbonates alcalins dans un creuset de porcelaine. Dans le cas contraire, on se servira d'un creuset de platine.

68. Les *chlorure*, *bromure* et *iodure d'argent* fondent quand on les chauffe dans un tube à essai. — Ils noircissent quand on les mouille avec du *sulfhydrate d'ammoniaque*. — Si on les calcine dans un creuset de porcelaine avec un *carbonate alcalin* et qu'on reprenne la masse fondue par l'eau, de l'argent, soluble

dans l'acide azotique, restera comme résidu, et le chlore, le brome, l'iode passeront à l'état de chlorure, bromure, iodure alcalin.

On pourrait aussi, et même plus commodément, lorsque les deux premiers essais indiquent la présence de l'argent, amener les sels à l'état de solution en les abandonnant pendant quelque temps avec du *zinc* et de l'*acide sulfurique* étendu d'eau, qui les décomposeront en acides chlorhydrique, bromhydrique et iodhydrique, et en argent métallique.

69. Le *sulfate de plomb* est infusible. — Il noircit par le *sulfhydrate d'ammoniaque*. — Pulvérisé et bouilli avec une solution de *carbonate de soude*, il est transformé en carbonate de plomb, qui sera séparé par l'eau et dissous, après lavage complet, dans l'acide azotique, l'acide sulfurique ayant passé à l'état de sulfate alcalin soluble.

70. Les *sulfates de baryte* et de *strontiane* seront chauffés avec les *carbonates alcalins* dans un creuset de platine, ou même, si l'on a affaire à des sulfates artificiels obtenus par précipitation, seront bouillis avec une solution de *carbonate de soude*, comme dans le cas précédent. Ils seront ainsi transformés en carbonates terreux que l'on séparera en reprenant la masse par de l'eau ; l'acide sulfurique passera, de même que précédemment, dans la liqueur, combiné aux alcalis ; les carbonates insolubles seront encore dissous dans l'acide azotique après filtration et lavage complet, et les terres caractérisées dans la solution.

71. Les *silicates* seront de même traités par les *carbonates alcalins* dans un creuset de platine. La base sera mise en liberté, et, suivant sa nature, restera en solution dans le produit repris par l'eau (silicate alcalin) ou comme résidu qu'on pourra disoudre dans les acides, après lavage et filtration, que

l'on caractérisera ensuite. La silice passera à l'état de silicate alcalin soluble. Si la base reste en dissolution, il faudra, pour distinguer la potasse et la soude, opérer la fusion avec du carbonate de soude seul dans le premier cas, avec du carbonate de potasse seul dans le second ; on ajoutera un excès d'acide chlorhydrique et l'on évaporera à sec, de manière à précipiter la silice et à la rendre insoluble. On recherchera la potasse ou la soude dans la liqueur.

72. Enfin le *fluorure de calcium* donnera dans le même traitement un fluorure alcalin soluble et du carbonate de chaux. On reconnaîtra du reste immédiatement ce corps par l'action corrosive qu'exercent sur le verre les vapeurs résultant de son attaque par l'acide sulfurique dans un creuset de platine.

CHAPITRE XI

RECHERCHE DES MÉTAUX DANS UN MÉLANGE DE SELS DISSOUS

73. Nous supposons ici un mélange de sels dissous, sans distinguer si le mélange primitif était soluble dans l'eau, ou insoluble et ramené à l'état de solution par l'action des acides.

Lorsque l'on est en présence de plusieurs sels mélangés, les métaux qu'ils peuvent contenir seront séparés en plusieurs groupes, ainsi qu'il a été dit au chapitre V, au moyen des réactifs généraux. Cette séparation doit être complète ; aussi doit-on employer un excès de réactif, en s'assurant qu'une nouvelle quantité n'a plus d'action sur la liqueur. On doit cependant éviter d'en employer trop, car les solubilités des corps pourraient être changées en présence d'excès trop considérables.

Lorsque l'on a séparé par précipitation un groupe de métaux, on doit achever la séparation d'avec les métaux des autres groupes par un lavage suffisant. Ce lavage sera opéré ainsi qu'il a été dit page 26. Afin d'éviter une trop grande dilution, on ne réunira pas les eaux de lavage aux liqueurs filtrées destinées aux essais ultérieurs.

On n'oubliera pas de procéder au début aux essais préliminaires dont il a été parlé page 39 (23). — On verra quelle est la réaction de la liqueur sur le tournesol, la neutralité de la liqueur pouvant exclure plusieurs métaux (28, p. 48) dans le précipité produit par l'*ammoniaque* en présence du *chlorhydrate d'ammoniaque ;* cet essai pourra aussi indiquer quel rôle jouent dans le mélange les métaux formant des oxydes indifférents. — On regardera si l'addition de l'eau dans la liqueur donne lieu à un précipité. — On cherchera enfin s'il y a des matières organiques carbonisables par l'action de la chaleur. Mais il sera bon de ne faire cet essai qu'après la précipitation par l'hydrogène sulfuré (*Voir* p. 39); la calcination, s'il y a lieu, sera effectuée, sur la liqueur séparée des métaux précipitables par l'acide sulfhydrique.

On emploiera successivement les réactifs généraux, en se conformant aux prescriptions indiquées plus haut et sur lesquelles nous reviendrons du reste à propos de chaque réactif. Les tableaux suivants se rapportent respectivement aux divers groupes que l'on peut ainsi séparer.

74. Le tableau nº 1 est relatif au groupe des métaux précipitables par l'*acide chlorhydrique*, et ne donne lieu à aucune difficulté. On devra cependant tenir compte des observations faites plus haut (26, p. 42), sur la solubilité du chlorure de plomb dans l'eau, et sur la précipitation possible de certains sels peu solubles dans l'acide chlorhydrique, mais qui se dissolvent après addition d'eau, tels que le chlorure de baryum et le bichlorure de mercure.

Mélanges de sels dissous. — Recherche des métaux.

TABLEAU Nº 1 (Pb, Hg au min., Ag).

Regarder la réaction de la liq. prim. sur le tournesol ; si elle est neutre ou alcaline, l'aciduler légèrement avec de l'*ac. azotique*, en mettant à part le précipité qui sera analysé séparément. Ajouter une petite quantité de *HCl* et s'il se produit un pr. continuer à en verser goutte à goutte (1), jusqu'à plus de précipité.	*Précipité.* — Le laver à l'eau froide, puis le traiter sur le filtre par l'*eau bouillante.*	*Solution.* On l'acidule par SO^4H^2; *précipité* blanc . . .		Pb
		Résidu. Le laver plusieurs fois à l'eau bouillante, et ajouter sur le filtre de l'*ammoniaque* faible.	Le précipité noircit.	Hg au min.
			La liqueur filtrée précipite par *HCl* dilué (1) . . .	Ag
	Solution. (Voir le tableau nº 2.)			

(1) Le chlorure d'argent est soluble dans l'acide chlorhydrique concentré.

Remarque. — Si la liqueur est alcaline ou même neutre, on commence, avant d'ajouter de l'acide chlorhydrique, par l'aciduler avec l'acide azotique ; la neutralisation de la liqueur peut en effet donner naissance à des précipités qu'il faut bien se garder de confondre avec ceux qui peuvent être produits ultérieurement, en liqueur acide, par l'acide chlorhydrique.

Ces précipités peuvent être constitués par des acides insolubles ou peu solubles, par des oxydes ou des sulfures dissous dans les alcalis ou dans les sulfures alcalins, des sels métalliques dissous dans l'ammoniaque, les cyanures, les hyposulfites, etc. On les analysera séparément par les méthodes qui seront données plus loin pour les sels insolubles dans l'eau. Ils peuvent aussi être constitués en partie ou en totalité par du soufre, qui sera facilement caractérisé.

L'addition des premières gouttes d'acide azotique dans la liqueur neutre ou alcaline peut quelquefois produire un précipité qui se redissout ensuite facilement dans un excès. Tel est le cas des combinaisons formées avec les alcalis par les oxydes indifférents (antimoniates, antimonites, stannates, aluminates, zincates, etc.). On se contentera de noter cette indication et sans séparer le précipité, on ajoutera l'acide jusqu'à redissolution totale, mais en évitant un trop grand excès.

75. Le tableau n° 2 comprend les métaux précipitables par l'*hydrogène sulfuré* en liqueur acide et dont les sulfures sont solubles dans le *sulfhydrate d'ammoniaque*.

On doit faire passer l'hydrogène sulfuré jusqu'à saturation dans la liqueur, même si le précipité qui se produit ne paraît être formé que de soufre, cette mise en liberté de soufre correspondant à une réduction qui doit être produite jusqu'au bout, pour les essais ultérieurs.

Nous recommandons instamment aux commençants de se reporter aux observations faites précédemment (27, p. 42), sur l'emploi de l'acide sulfhydrique, et que nous rappelons ici :

1° La liqueur dans laquelle on fera passer le gaz devra contenir un excès d'acide minéral, et il ne suffira pas qu'elle soit acide par rapport au tournesol, si l'acidité n'est due qu'à la présence d'un acide organique. Nous avons vu comment on peut, au moyen du violet d'aniline, vérifier qu'elle satisfait à cette condition.

2° On doit vérifier que l'hydrogène sulfuré ne donne plus de précipité, même à chaud, dans la liqueur filtrée (acide arsénique).

3° Cette dernière ne doit pas être précipitée non plus par l'hydrogène sulfuré, après avoir été additionnée d'une certaine quantité d'eau, ce qu'on vérifiera sur une petite portion.

4° La coloration des précipités qui peuvent se produire, est souvent différente au début de celle des sulfures définitifs résultant de l'action d'un excès d'hydrogène sulfuré.

5° Lorsque l'hydrogène sulfuré ne forme pas de sulfure métallique et qu'il ne se précipite que du soufre, on n'en devra pas moins continuer à le faire agir, jusqu'à ce qu'il ne trouble plus la liqueur filtrée. La réduction des corps tels que l'acide chromique, l'acide sulfureux, etc., doit être complètement terminée, pour que l'on puisse passer au tableau, relatif à la recherche des bases précipitables par l'ammoniaque.

Mélanges de sels dissous. — Recherche des métaux.

TABLEAU n° 2 (Au, As, Sb, Sn)

Solution contenant un excès d'acides minéraux et séparée de Pb, Ag, Hg au minimum. La traiter par H^2S gazeux.

- *Précipité.* (S'il est blanc, voir s'il n'est pas formé que de soufre.) — Le laver avec soin (avec de l'eau chargée de H^2S, s'il peut y avoir du Cu). — Recueillir le pr. dans une petite capsule et le traiter par un léger excès de *sulfh. d'amm.* Chauffer légèrement quelques minutes en agitant.
  - *Solution.* — Ajouter un petit excès d'*HCl*, et s'il s'est formé un pr. contenant autre chose que du soufre, le laver et ajouter un vol. de *HCl* égal au vol. occupé par le pr. et par le liquide qui le baigne. Chauffer jusqu'à ce qu'il ne se dégage plus d'ac. sulfhydrique.
    - *Résidu.* — Le laver et le traiter par AzH^3 en grand excès. — Il peut y avoir un peu de sulfure de cuivre, provenant de sa solubilité dans le sulfh. d'am.[1].
      - *Résidu.* Laver et traiter par une goutte d'eau régale; évaporer à sec au bain-marie; redissoudre dans l'eau et chauffer quelques minutes avec un excès d'*ac. oxalique*; *pr.* d'or réduit. . . . . **Au**[2]
      - *Solution.* Saturer par un léger excès d'*HCl*; *pr.* jaune de sulfure d'As; le redissoudre dans *HCl*, avec addition d'un peu de *chlorate de K.* Chasser tout le chlore par la chaleur; la liqueur traitée dans un tube par *Zn*, produit un gaz avec lequel on peut obtenir des *taches métalliques*, solubles dans les *hypochlorites alcalins*, devenant jaunes par la vapeur d'*iode* et pouvant donner de l'*arséniate d'argent*. . . **As**
    - *Solution* [3].
      - Traiter une p. par un morceau d'*étain*. *Sb* se précipite sous la forme d'une poudre noire, qu'on sépare de l'étain non attaqué, qu'on lave avec *HCl* dilué et qu'on dissout à chaud en ajoutant une très petite q. de *chlorate de K*. *Précipité orangé* par H^2S. . . **Sb**
      - Traiter l'autre p. par *Zn*. Après dissolution de Zn, Sn est mis en liberté sous la forme de cristaux d'aspect métallique, en l'absence de Sb, ou mélangés de poudre noire de Sb. Chauffer le métal précipité avec *HCl* concentré; la sol. *diluée* précipite en brun par H^2S et donne avec $HgCl^2$ un *pr. blanc*, puis *gris*, si Sn est en excès . . . **Sn**
  - *Résidu.* (Voir le tableau n° 3.)
- *Liqueur* (Voir le tableau n° 4.). — En conserver une partie pour la recherche des acides *phosphorique* (s'il y a de l'*arsenic*), *borique* (s'il y a du *cuivre*), *cyanhydrique* (s'il y a du *mercure*), de l'acide *oxalique*, des acides *tartrique* et *citrique* (s'il y a des substances carbonisables).

(1) Voir la note 1, p. 14.

(2) En présence de l'As, le sulfure d'or (à moins qu'il ne soit en excès) est engagé tout entier avec le sulfure d'arsenic, lorsque ces deux sulfures sont dissous simultanément dans le *sulfh. d'amm.*, dans une combinaison qui, après avoir été reprécipitée par *HCl*, se dissout dans l'*ammoniaque*, sans laisser de résidu. Une partie de cet or restera dans le résidu que pourra laisser le traitement du sulfure arsénical par *HCl* et $KClO^3$; le reste sera précipité ultérieurement par l'action du *zinc* sur la sol. arsénicale acide. On dissoudra ce résidu et ce pr. dans l'eau régale et l'on caractérisera l'or comme plus haut.

(3) Voir la 4e remarque.

Remarques. — 1° Il sera bon, avant de traiter par le sulfhydrate d'ammoniaque la totalité du précipité produit par l'hydrogène sulfuré, d'essayer, sur une portion, s'il n'est pas complètement soluble dans ce réactif. Dans ce cas, on s'abstiendrait de traiter par le sulfhydrate ce précipité qui ne pourrait contenir les métaux du troisième tableau.

2° Après l'addition d'acide chlorhydrique dilué au précipité régénéré de sa dissolution dans le sulfhydrate, il importe de faire bouillir jusqu'à ce qu'il ne se dégage plus d'acide sulfhydrique; car, s'il en restait et si le résidu était mal lavé, il se reformerait du sulfhydrate d'ammoniaque, et ce dernier pourrait redissoudre le sulfure d'or.

3° Si l'on constate sur une portion du résidu insoluble dans l'acide chlorhydrique étendu qu'il se dissout complètement dans l'ammoniaque, ce qui aura lieu en l'absence de l'or, ou si ce métal n'est pas en très forte proportion par rapport à l'arsenic, il sera inutile de traiter la totalité par ce réactif, et l'on fera la recherche de l'arsenic directement sur ce résidu.

4° Dans la dissolution chlorhydrique qui peut contenir l'étain et l'antimoine on peut, sur la totalité de la liqueur, précipiter l'antimoine, en la chauffant avec du fer qui ne déplace pas l'étain. On sépare le fer restant. On recueille le liquide par filtration pour la recherche de l'étain, on lave la poudre noire d'antimoine avec de l'eau acidulée par l'acide chlorhydrique et l'on termine la recherche de l'antimoine comme il est dit dans le tableau précédent. La liqueur séparée est ensuite traitée par le zinc pour précipiter de l'étain.

Cette manière de procéder présente l'avantage de pouvoir mettre en liberté la totalité de l'antimoine et de l'étain. Mais nous avons vu (p. 58) que, dans certains cas, le déplacement de l'antimoine par le fer ne se fait pas nettement. Cependant, on obtiendra généralement de très bons résultats avec les dilutions indiquées dans le tableau. On peut se servir d'une pointe de fer pour cet usage.

5° Dans la recherche de l'étain, après avoir précipité ce métal par le zinc et l'avoir redissous dans l'acide chlorhydrique concentré, on devra diluer avec de l'eau cette solution; le protosulfure d'étain ne pourrait pas être obtenu, en effet, dans une solution trop acide. De même l'antimoine mis en liberté par le fer ou par l'étain pourrait ne pas être précipité par l'hydrogène sulfuré, si on avait employé trop d'acide pour le dissoudre; il suffira encore, dans ce cas, de diluer la liqueur.

6° Si l'on a trouvé de l'*arsenic*, on recherchera les caractères de l'*acide arsénieux* et de l'*acide arsénique* (42, p. 56); la lenteur de la précipitation du sulfure d'arsenic aura déjà, du reste, donné une indication sur l'existence de ce dernier dans le mélange. — Dans une liqueur alcaline ou même neutre, l'*étain au maximum* et l'*antimoine* existent à l'état de *stannates* et d'*antimoniates* ou d'*antimonites*. — On pourra distinguer l'état d'oxydation de l'antimoine d'après **43**, p. 59.

76. Le tableau n° 3 comprend les métaux précipitables par l'*hydrogène sulfuré* en liqueur acide, et dont les sulfures ne sont pas solubles dans le *sulfhydrate d'ammoniaque*.

Mélanges de sels dissous. — Recherche des métaux.

TABLEAU n° 3 (Hg au max., Pt, Bi, Pb, Cu, Cd)

Précipité produit par H^2S traité par le *sulfh. d'amm*, (*résidu*). — Le laver avec de l'eau (contenant H^2S, s'il peut y avoir du Cu). — L'eau de lavage ne doit plus contenir trace d'HCl (important). — Essorer le filtre, recueillir le pr. et le traiter par de l'*ac. azotique étendu de deux volumes d'eau* et bouillant, sans prolonger l'ébullition qui pourrait donner des sulfates insolubles dans l'ac. azotique.	*Résidu noir.* Le dissoudre dans quelques gouttes d'eau régale, chasser l'ac. azotique par évaporation, en ajoutant deux fois quelques gouttes d'HCl, et dans une partie de la liq. contenant encore de l'ac. chlorhydrique, verser du *protochlorure d'étain*.		Il se forme un *précipité* blanc, puis gris. .	Hg au max.
			Indépendamment du précipité qui a pu se former, il se produit une coloration rouge brun foncé	Pt([1])
	Solution. Verser AzH^3 en excès.	*Précipité.* Le dissoudre dans la plus petite quantité possible d'*ac. azotique*	La liq. précipite par *l'eau* surtout après addition de NaCl ou AzH^4Cl	Bi
			La liq. précipite par SO^4H^2. (Pb contenu à cause de la solubilité de son chlorure) . .	Pb
		Liqueur.	Elle est bleue; ajouter à une portion un excès d'*ac. acétique* et du *ferrocyanure de K*, *pr.* rouge	Cu
			A une autre portion ajouter du *cyanure de K* en excès (s'il y a du Cu), puis du *sulfh. d'amm. Pr. jaune.*	Cd

([1]) Vérifier la présence du platine, en évaporant à sec au bain-marie une portion de la solution chlorhydrique qu'on aura réservée, reprenant ensuite le résidu par le moins d'eau possible, et ajoutant une goutte d'une solution concentrée de AzH^4Cl. Il se forme un précipité par l'agitation.

REMARQUE. — Il importe de laver le précipité jusqu'à ce que l'eau de lavage ne contienne plus de traces sensibles d'acide chlorhydrique, ce qu'on vérifiera par le nitrate d'argent; s'il restait de l'acide chlorhydrique, il formerait, en effet, de l'eau régale avec l'acide azotique par lequel on traite le précipité; les sulfures de mercure et de platine pourraient donc être dissous, et ces métaux passer inaperçus. D'autre part, le mercure dissous serait ensuite précipité par l'ammoniaque, ce qui pourrait causer des erreurs.

77. La majeure partie de la liqueur filtrée séparée du précipité qui a pu être produit par l'hydrogène sulfuré, nous servira à continuer la recherche des bases suivantes; mais il ne faudra pas oublier d'en réserver une partie pour la recherche de certains acides (*acide phosphorique* ou *borique*), pour lesquels on doit opérer en l'absence de certains métaux (arsenic, cuivre). Cette recherche devra, du reste, comme nous le verrons plus

loin, être faite, le plus souvent, immédiatement après la détermination des métaux précipitables par l'hydrogène sulfuré. Il en est de même pour l'*acide oxalique*.

Une autre portion sera mise également en réserve pour la recherche de l'*acide cyanhydrique* (tableau p. 168-169) si on a trouvé du mercure, des acides *tartrique* et *citrique* (p. 179) s'il y a des composés organiques carbonisables.

Nous avons vu (28, p. 47) que le groupe des métaux précipitables par l'*ammoniaque* en présence du *chlorhydrate d'ammoniaque* pouvait, dans un certain nombre de cas très limités, être réduit au fer, au chrome et à l'aluminium, mais qu'il était en général beaucoup plus complexe et pouvait contenir un certain nombre de métaux des groupes suivants. Nous nous placerons d'abord dans la première hypothèse.

Ainsi que nous l'avons dit plus haut, nous ne précipiterons le zinc, le manganèse, le nickel et le cobalt par le sulfhydrate d'ammoniaque qu'après avoir séparé le précipité produit par l'ammoniaque en présence du chlorhydrate d'ammoniaque. Ces métaux ne seront pas précipités dans ces conditions, ou du moins, s'il se forme un précipité, ce dernier se redissoudra facilement dans un excès d'ammoniaque en donnant une liqueur qui restera limpide en l'absence du manganèse, qui se troublera et brunira au contraire lentement au contact de l'air, en présence de ce métal, par suite de la formation d'hydrate d'oxyde salin; cette réaction qu'il sera même utile d'observer comme étant un indice caractéristique de la présence du manganèse, ne gêne pas la recherche des métaux précipitables par le sulfhydrate d'ammoniaque, qu'on ajoutera dans la liqueur filtrée, restée limpide ou troublée, par suite de l'oxydation du manganèse.

Nous avons expliqué plus haut (28, p. 47) pourquoi l'on devait verser une quantité notable de chlorhydrate d'ammoniaque et pourquoi il était indispensable de peroxyder le fer avant d'ajouter l'ammoniaque (p. 46).

Si la liqueur contenait de l'acide sulfureux et des terres (chaux, baryte, strontiane), l'action de l'acide azotique donnerait lieu à une précipitation de sulfates terreux ; mais cette action ne peut se produire, si l'on a, ainsi qu'il a été dit au début (p. 96), fait passer l'hydrogène sulfuré jusqu'à ce qu'il ne se précipite plus de soufre.

Mélanges de sels dissous. — Recherche des métaux.

TABLEAU n° 4 (Fe, Cr, Al, en l'absence des acides *phosphorique*, *borique*, *oxalique*, etc., par exemple si la liq. prim. est neutre, ou dans le cas de l'analyse d'un alliage).

- *Solution* non précipitable par H^2S. Chasser H^2S par l'ébullition et ajouter de l'*ac. azotique*, en continuant l'ébullition pour suroxyder le fer ; puis dans la liq. chaude ajouter une grande quantité de AzH^4Cl et un grand excès d'AzH^3. (A froid, AzH^3 dissout un peu de sesquioxyde de chrome en donnant une liq. rose.)
  - *Précipité* permanent. — Le laver et le dissoudre dans *HCl* ; ajouter à la sol. un grand excès de *potasse*, et porter à l'ébullition (pas dans un vase en verre). (A froid, Cr reste en solution dans la potasse.)
    - *Précipité.* — Le fondre avec un mélange de *potasse* et de $KClO^3$ et traiter par l'eau.
      - *Résidu.* — Le dissoudre dans HCl et chercher le fer par le *ferrocyanure de K* ; si on en trouve, essayer la liq. prim.
        - *Sulfocyanate de K*, couleur rouge. . **Fe au max.**
        - *Ferricyanure de K*, pr. bleu. **Fe au min.**
        - Les deux réactions à la fois. . . **Fe au max. et au min.**
      - *Liqueur* jaune. Ajouter un sel *de plomb*, filtrer et verser dans la liq. un excès d'*ac. acétique* ; pr. jaune . . . . **Cr**[1]
    - *Solution.* Neutraliser par un acide et ajouter un léger excès d'AzH^3 ; *précipité* blanc (vérifier la pureté de la potasse employée au point de vue de l'alumine) . . **Al**
  - *Solution.* (Voir le tableau n° 5.)

[1] Voir la 4e remarque.

REMARQUES. — 1° La recherche de l'alumine donne lieu souvent à une erreur, car l'alumine que l'on a trouvée peut provenir de la potasse dont on a fait usage. Il ne faut pas oublier, en effet, qu'une solution de potasse, même préparée avec l'alcali pur, contenue depuis quelque temps dans un flacon de verre, renferme souvent de l'alumine qui provient de ce dernier. On devra donc toujours vérifier, à ce point de vue, la solution de potasse employée et, si l'on y trouve de l'alumine, n'affirmer la présence de ce corps dans le mélange à analyser que si le précipité d'alumine obtenu est notablement plus considérable que celui qui s'est produit dans l'essai du réactif.

2° Si le précipité ammoniacal a une couleur ocreuse, il est inutile de rechercher plus loin le *fer*, dont la présence est suffisamment indiquée par cette coloration.

Il en est de même pour le *chrome*, si le précipité a une couleur verte, ou encore si la liqueur alcaline provenant de l'addition d'un excès de potasse dans la solution chlorhydrique du précipité est colorée en vert avant d'avoir été soumise à l'ébullition.

3° Généralement, s'il existe du manganèse dans le mélange, la masse obtenue dans la recherche du *chrome*, en chauffant le résidu insoluble dans la potasse, est colorée en vert par suite de la transformation en manganate de petites quantités de manganèse ayant échappé au lavage. Mais cette coloration n'empêche pas d'obtenir un précipité jaune de chromate de plomb, en opérant ainsi qu'il est dit dans le tableau.

4° Le *chrome*, qui après l'action de l'hydrogène sulfuré se trouve à l'état de sel de sesquioxyde peut exister dans la liqueur primitive à l'état de *sesquioxyde* ou d'*acide chromique*, ou sous les deux états. On distinguera ces divers cas ainsi qu'il est dit plus loin (p. 126 et 175).

Dans une liqueur alcaline, l'*alumine* existe à l'état d'*aluminate* alcalin.

78. Recherche de Fe, Cr, Al, en présence des acides formant des sels insolubles avec les métaux terreux et le manganèse. — En présence de ces acides, le précipité ammoniacal peut encore renfermer, en partie ou en totalité, la chaux, la baryte, la strontiane, la magnésie et le manganèse. Aussi est-on obligé, si l'on veut toujours précipiter les trois sesquioxydes précédents par l'ammoniaque, de suivre une marche différente pour l'étude du précipité ammoniacal, suivant que l'on peut se trouver dans un cas ou dans un autre. La recherche des huit métaux qui peuvent entrer dans la composition de ce précipité est assez longue et délicate. De plus, on a à rechercher et à

séparer deux fois, dans le précipité ammoniacal et dans la liqueur filtrée, la chaux, la baryte, la strontiane, la magnésie et le manganèse.

Il est facile d'éviter ces inconvénients et d'obtenir, quelle que soit la solution primitive, un précipité ne contenant que les trois sesquioxydes.

Voyons d'abord quels sont les acides dont la présence peut entraîner la précipitation par l'ammoniaque des bases autres que les trois sesquioxydes.

L'*acide sulfureux*, qui forme des sulfites terreux insolubles, a été détruit par l'hydrogène sulfuré (p. 96), si la liqueur primitive en renfermait.

De même, la liqueur, après le traitement par l'hydrogène sulfuré, doit être débarrassée des *acides organiques carbonisables*, tels que les acides *tartrique* et *citrique*, dont la présence empêcherait la précipitation des sesquioxydes.

Parmi les autres acides, les principaux sont les acides *phosphorique*, *oxalique*, *silicique*, *fluorhydrique*, *borique*. Si donc nous constatons que l'ammoniaque donne un précipité permanent en présence du chlorhydrate d'ammoniaque, nous procéderons immédiatement à leur recherche et les résultats que nous obtiendrons nous indiqueront quelle marche nous devrons suivre pour continuer la recherche des bases. Cette détermination d'un groupe d'acides que nous sommes amenés à intercaler dans la séparation des métaux ne complique en aucune façon l'ensemble de l'analyse. Ces acides, en effet, si l'on y joint l'*acide sulfurique*, constituent tout un groupe (*acides minéraux formant des sels terreux insolubles*) que nous aurions à déterminer plus tard dans la recherche des acides (p. 121). Cette détermination que nous pourrons ne faire qu'à ce moment, en l'absence de précipité ammoniacal, peut aussi bien être faite actuellement et exactement de la même manière. Les résultats obtenus resteront acquis, et nous n'aurons à rechercher ultérieurement que les acides des autres groupes.

Après avoir recherché ces divers acides, d'après la marche indiquée p. 170, voyons quelles seront les conséquences des résultats obtenus.

La présence de l'*acide borique* n'oblige pas à modifier la marche à suivre dans la recherche des bases et l'on peut précipiter les sesquioxydes par l'ammoniaque, en présence du chlorhydrate d'ammoniaque. Les borates terreux sont, en effet, trop peu insolubles, surtout en présence des sels ammoniacaux pour que le précipité dû à l'acide borique, dans les cas très rares où il pourra se former, ne disparaisse pas par suite d'une très faible addition d'eau, et l'on est certain de ne pas le retrouver dans un précipité ammoniacal après un lavage même très peu prolongé. Les terres, ainsi que la magnésie et le manganèse, passeront en totalité dans la liqueur séparée du précipité ammoniacal. La constatation de la présence de l'acide borique nous expliquera seulement la disparition rapide du précipité ammoniacal, par suite du moindre lavage, quand ce dernier n'est dû qu'aux borates insolubles.

Il en est de même, quoique à un moins grand degré, pour l'*acide fluorhydrique*. La solubilité des fluorures insolubles en présence des sels ammoniacaux est assez grande pour que la plus grande partie des terres, de la magnésie et du manganèse, sinon la totalité, passe dans la liqueur. Ils seront retrouvés ultérieurement. Mais il sera bon d'avoir constaté l'existence de l'acide fluorhydrique pour le cas où un précipité ammoniacal, dû uniquement à cet acide, ne disparaîtrait pas complètement par le lavage. Les portions restées indissoutes ne seront pas confondues avec l'alumine, qui s'en distingue par sa solubilité dans la potasse. On pourra, du reste, en présence de l'acide fluorhydrique, augmenter la proportion du chlorhydrate d'ammoniaque.

L'*acide silicique*, s'il existe dans le mélange, devra être éliminé complètement. Cette élimination est facile. Il suffit d'évaporer à sec la liqueur obtenue après séparation des sulfures par l'hydrogène sulfuré, au bain-marie, si l'acidité de cette liqueur est due à un acide minéral volatil (acide chlorhydrique ou azotique), ou si elle contient de l'acide sulfurique libre, à une température suffisante pour volatiliser ce dernier, sans trop élever la température, ce qui aurait l'inconvénient de rendre certaines bases peu solubles. En reprenant par l'eau acidulée, on séparera la silice sous la forme d'une poudre insoluble; les métaux passeront dans la liqueur acide.

Il reste donc l'*acide oxalique* et l'*acide phosphorique*. Nous verrons plus loin comment on peut facilement détruire le premier et séparer le second.

C'est en liqueur acétique et à l'état de phosphate ferrique que nous effectuons cette séparation, en ajoutant de l'acétate d'ammoniaque, du perchlorure de fer et portant à l'ébullition. Ce procédé, bien connu, d'élimination de l'acide phosphorique ne paraît jusqu'ici avoir donné des résultats d'une précision indiscutable que pour la séparation de cet acide et des alcalis. Il peut cependant être appliqué à la séparation qualitative et quantitative de l'acide phosphorique et de la chaux, de la baryte, de la strontiane, de la magnésie et du manganèse, et cette séparation est aussi complète que dans le cas des alcalis, si l'on se place dans des conditions convenables.

Bien que les phosphates terreux et le phosphate de manganèse soient solubles dans l'acide acétique, il ne suffit pas que la liqueur renferme ou qu'on y ajoute une quantité de sel ferrique théoriquement suffisante pour la précipitation de l'acide phosphorique. On constate, en effet, que, même avec des liqueurs renfermant un excès notable de fer, le précipité obtenu par l'ébullition, après la décomposition de l'acétate de fer, séparé par filtration de la liqueur débarrassée d'acide phosphorique, après un lavage complet, peut contenir une grande proportion des métaux terreux et du manganèse.

Cet entraînement est dû probablement à la formation de sels doubles insolubles dans l'acide acétique.

De même, si, dans une liqueur contenant un sel ferrique et une base telle que la chaux, en présence de l'acide phosphorique, on verse un excès d'ammoniaque, le précipité ainsi obtenu, traité par l'acide acétique, ne cède pas ou ne cède qu'en partie la chaux qu'il renferme, et cela, même quand le fer est en excès par rapport à l'acide phosphorique.

De même encore, le phosphate de fer récemment formé, versé dans une solution de chlorures des métaux terreux, retient une grande quantité de ces derniers, lorsqu'on alcalinise la liqueur par l'ammoniaque.

L'acide phosphorique ne peut être séparé complètement, à l'état de phosphate ferrique, des terres et du manganèse, en liqueur acétique, que si l'on se trouve en présence d'un très grand excès de fer par rapport à l'acide phosphorique. Nous verrons ci-dessous comment on peut s'assurer si cet excès est suffisant.

Nous résumerons ici la marche à suivre pour la séparation des trois sesquioxydes et des métaux suivants :

Recherche du Fe, Cr, Al — Ca, Ba, St, Mg, Mn [1], en présence des acides oxalique et phosphorique [2].

Détruire, s'il y a lieu, les *matières organiques*, par la calcination.

Si l'on a constaté la présence de l'ac. oxalique [3], le détruire dans la totalité de la liq., soit par la calcination, soit par l'action des ac. chlorhydrique et azotique et d'un sel de manganèse prolongée jusqu'à ce qu'il ne se dégage plus de CO^2 [4].

En l'absence de l'ac. phosphorique, la recherche des bases se continue comme à l'ordinaire, et l'on précipite les sesquioxydes par l'ammoniaque.

En présence de l'ac. phosphorique, on élimine ce dernier, après suroxydation du fer à l'état de phosphate ferrique, en même temps qu'on sépare les trois sesquioxydes. On recherche le fer dans un essai préalable, et s'il n'y en a pas, on ajoute un peu de perchlorure de fer, addition dont on tiendra compte ultérieurement; on neutralise partiellement, en ajoutant goutte à goutte de l'*ammoniaque* jusqu'à commencement de précipitation; on redissout le pr. dans la plus petite quantité possible d'ac. chlorhydrique, puis on ajoute une *petite quantité d'acétate d'ammoniaque*.

Si le fer est en grand excès, cette addition ne détermine pas de précipitation à froid, à cause de la solubilité du phosphate ferrique dans les sels ferriques. — S'il se forme, au contraire, un pr., on ajoute une petite quantité de *perchlorure de fer*, et l'on attend quelques instants, pour voir si la liq. redevient limpide. On ajoute, au besoin, de nouvelles quantités de perchlorure de fer, pour obtenir une dissolution complète, et l'on vérifie si l'addition d'une goutte d'un acétate alcalin ne produit plus de pr.; auquel cas on ajouterait de nouveau de l'acétate et du perchlorure de fer.

Il ne reste plus qu'à diluer avec de l'eau, si la coloration est intense, et à faire bouillir pendant quelques instants. Si la liq. restait colorée, on ajouterait peu à peu de l'acétate, de manière à l'obtenir incolore. On filtre en maintenant à l'ébullition. (Si cette dernière opération demande un certain temps, des traces de fer peuvent se redissoudre, grâce à l'ac. carbonique de l'air; on les éliminera en faisant bouillir la liq. filtrée et la passant sur un second filtre.)

On chauffe de nouveau cette liq. avec un léger excès d'*ammoniaque*; s'il se forme un nouveau pr. de sesquioxydes, on le recueille sur un filtre, puis on le réunit au précédent.

Dans le précipité, on recherche les sesquioxydes d'après le tableau n° 4, et dans la liqueur concentrée par évaporation, les bases suivantes, y compris les terres et le manganèse, comme à l'ordinaire.

(1) Le *zinc*, le *nickel* et le *cobalt* ne forment pas de précipité permanent, par l'action de l'ammoniaque en présence des sels ammoniacaux.

(2) Par suite de leur solubilité en présence des sels ammoniacaux, les *borates* et les *fluorures* passent dans la liqueur. — *L'acide silicique* a été éliminé.

(3) L'ac. *oxalique* ne peut exister que si l'on n'a pas eu à détruire les mat. organiques carbonisables.

(4) *Voir* 54, p. 79. On recherchera par un essai préalable, si la liq. contient du *manganèse*, ou s'il est nécessaire d'en ajouter; il suffit d'en chauffer une goutte dans une capsule avec de la *potasse* ou de la *soude* et $KClO^3$. La présence de *Mn* est indiquée par la production de manganate vert. Si la liq. ne contient pas de *Mn* et qu'on ait dû l'ajouter, on tiendra compte de cette addition dans les résultats ultérieurs.

On peut remarquer que la séparation du *manganèse* d'avec les sesquioxydes se faisant ici en solution acide est bien plus nette que lorsque l'on précipite ces derniers par l'ammoniaque; car, dans ce dernier cas, il est difficile d'éviter, pendant la filtration et le lavage, l'action de l'air sur la liqueur, avec précipitation d'un peu d'oxyde salin de manganèse, qui se trouve ainsi mélangé avec le précipité.

79. —Le tableau n° 5 se rapporte à la recherche des métaux précipitables par le *sulfhydrate d'ammoniaque* dans la liqueur ammoniacale précédente (*voir* l'observation faite p. 101 au sujet du trouble qui peut se produire dans la liqueur dans le cas d'un mélange contenant du manganèse). Rappelons que le manganèse pourrait être précipité en partie ou en totalité dans l'essai précédent par l'ammoniaque, dans le cas où l'on se trouve en présence des acides phosphorique, etc., mais il passera tout entier dans la liqueur séparée des sesquioxydes précipités en liqueur acétique (78).

Mélanges de sels dissous. — Recherche des métaux.

TABLEAU n° 5 (Zn, Mn, Co, Ni)

Solution ne précipitant plus par H^2S, ni par AzH^3 en présence de AzH^4Cl. — Ajouter un léger excès de *sulfh. d'amm.* et chauffer. — (Dans le cas du nickel, la liqueur filtrée est colorée en brun parce qu'elle dissout un peu de sulfure de Ni, qu'on précipite ensuite par un léger excès d'*HCl* dans la liq. filtrée, qui sera prête pour l'essai suivant. Mettre de côté le pr. ainsi formé).	*Précipité*. (S'il est blanc, il ne peut contenir que Zn et Mn). — Laver et chasser le pr. dans une capsule. Ajouter *HCl dilué au* 10°; chauffer jusqu'à ce qu'il ne se dégage plus de H^2S.	*Solution*. La traiter par un grand excès de *potasse* à l'ébullition.	*Solution*. — L'aciduler par un excès d'*ac. acétique* et la traiter par H^2S : *pr. blanc*.	Zn
			Précipité blanc brunissant à l'air : le chauffer dans une petite capsule avec du *chlorate de K* et de la *potasse caustique*. Il se forme du *manganate* vert	Mn[1]
		Résidu noir.	Fondre une portion dans une perle de *borax*. On obtient une perle bleue.	Co
			Le résidu noir est dissous dans un peu d'eau régale. On évapore à sec au bain-marie et l'on ajoute de l'*ac. tartrique* et un excès de *soude*. Dans la liqueur on fait passer H^2S jusqu'à refus. La solution filtrée est colorée en noir ou en brun.	Ni[2]
	Solution. (Voir le tableau n° 6.)			

[1] Voir la 4e remarque.

[2] Si l'on n'a pas obtenu de perle bleue indiquant le cobalt, le résidu noir provenant de l'action de HCl au 10e sur le pr. produit par le sulfh. d'amm. est constitué en totalité ou en majeure partie par du sulfure de Ni, et l'on peut se dispenser d'autres caractères pour affirmer la présence de ce métal.

Remarques. — 1° Dans la recherche du nickel, on doit évaporer complètement l'excès des acides ayant servi à dissoudre les sulfures, afin d'éviter la formation de sels alcalins par l'addition de la soude; celle-ci doit être en excès afin de former un sulfhydrate de sulfure. Enfin, on doit faire passer l'hydrogène sulfuré assez longtemps pour que la soude soit saturée. S'il n'en était pas ainsi, on pourrait ne pas observer la coloration brune.

2° La séparation rigoureuse du nickel et du cobalt pourra être obtenue par la précipitation du cobalt à l'état d'*azotite double de cobalt et de potasse*, page 68 (52). On aura recours à ce procédé pour rechercher de petites quantités de cobalt, en présence d'une grande proportion de nickel.

La coloration que le cobalt donne à la perle de borax peut être en effet masquée par une grande proportion de nickel. Nous avons vu cependant, page 69 (52), que l'on peut en chauffant assez longtemps dans une flamme réductrice, obtenir une perle bleue ayant la même coloration qu'en l'absence complète du nickel.

3° On doit faire bouillir, pendant quelques instants, avec la potasse la solution chlorhydrique des sulfures de zinc et de manganèse, afin de détruire les sels ammoniacaux qui pourraient rester après un lavage incomplet du précipité produit par le sulfhydrate, et qui dissoudraient un peu d'oxyde de manganèse.

4° Le *manganèse* qui après l'action de l'hydrogène sulfuré se trouve toujours à l'état de sel de protoxyde, peut exister dans la liqueur primitive soit à l'état de *protoxyde*, soit à l'état d'acide *manganique* ou *permanganique*. On distinguera ces divers cas ainsi qu'il est dit plus loin (p. 126 et 175). — Dans une liqueur primitive alcaline, l'*oxyde de zinc* existe à l'état de zincate alcalin.

80. Le tableau n° 6 donne la marche à suivre pour la séparation des terres (chaux, baryte, strontiane), que l'on précipite

par le *carbonate d'ammoniaque* en présence du *chlorhydrate d'ammoniaque*, pour éviter la précipitation de la magnésie.

Rappelons qu'en présence des acides phosphorique, etc., la chaux, la baryte et la strontiane auraient pu être précipitées, en partie ou en totalité, en même temps que les sesquioxydes, si l'on avait précipité ces derniers par l'ammoniaque; mais on les retrouvera en totalité dans la liqueur, si l'on effectue cette séparation en liqueur acétique (78).

Recherche de la strontiane en présence de la baryte. — Le procédé de séparation de la baryte et de la strontiane repose sur la réaction du chromate et du bichromate de potasse sur le chlorure de baryum, en présence des acétates alcalins et de l'acide acétique (p. 65 et 82), réaction qui permet de précipiter la baryte dans un milieu acide, dans lequel la strontiane reste en solution. Nous employons une solution de chromate neutre de potasse pur, contenant 5 grammes pour 100^{cc}, additionnée du dixième de son volume d'acide acétique cristallisable. On doit vérifier que ce réactif ne précipite pas à chaud le chlorure de strontium. Cette solution contient une quantité d'acétate de potasse suffisante pour empêcher la mise en liberté d'acide chromique, par suite de la précipitation de la baryte, sans cependant en renfermer un excès trop considérable qui pourrait ultérieurement retarder la précipitation du sulfate de strontiane.

On fait l'essai sur la solution chlorhydrique des carbonates terreux; la solution doit être évaporée à sec dans une capsule, de manière à éliminer *complètement* l'excès d'acide chlorhydrique. Cette élimination est utile également pour l'essai préalable au sulfate de chaux, à cause de la solubilité du sulfate de strontiane dans l'acide chlorhydrique. Le résidu est dissous dans un peu d'eau que l'on ajoute goutte à goutte, jusqu'à ce que l'on ait obtenu une dissolution complète des chlorures. On ajoute ensuite le réactif par petites portions. En présence de la baryte, les premières portions donnent un précipité jaune clair de chromate neutre de baryte et la liqueur reste incolore. On continue à ajouter le réactif, en s'arrêtant au moment où le liquide qui surnage reste nettement coloré en jaune orange et l'on porte le mélange à l'ébullition.

Si la proportion de la baryte n'est pas supérieure à trois fois celle de la strontiane, ce qui correspond environ pour les chlorures terreux cristallisés, à deux parties de chlorure de baryum pour une partie de chlorure de strontium, il suffit de filtrer (le précipité de chromate de baryte, très dense et cristallin qui se forme dans ces conditions se sépare très facilement), d'additionner la liqueur limpide de son volume d'une solution de sulfate de chaux et de chauffer; on obtient un précipité de sulfate de strontiane.

Si la proportion de strontiane diminue, les indications de cet essai deviennent moins nettes et bientôt négatives et la strontiane qui reste tout entière en solution en l'absence de la baryte, est entraînée en proportion de plus en plus grande par la précipitation du chromate de baryte. Il est facile de rendre le procédé plus précis. Le volume de réactif à employer, pour précipiter la baryte, et par suite, celui de l'acide acétique introduit, est en effet, proportionnel à la quantité de baryte contenue dans le mélange. Il suffit, avant de séparer par filtration le précipité de chromate de baryte, de chauffer le mélange dans la capsule jusqu'à ce que le volume soit réduit à quelques gouttes par évaporation, pour redissoudre une grande partie de la strontiane entraînée dans le précipité de chromate de baryte. S'il y avait beaucoup de baryte et si on a dû ajouter beaucoup de réactif, la majeure partie du chlorure de potassium se sépare par cristallisation, en même temps que du bichromate de potasse, si le réactif est en excès. On fait tomber le liquide sur un très petit filtre placé sur un tube à essai; après filtration, on lave avec 4 ou 5 gouttes d'eau la capsule et on les fait couler ensuite sur le filtre, de manière à déplacer le liquide retenu par le papier. Le volume total recueilli dans le tube doit être de 1 à 2^{cc} au plus, et doit être d'autant plus petit que l'on a à rechercher des quantités de strontiane plus faibles. On ajoute enfin un égal volume de solution de sulfate de chaux et l'on chauffe le tube avec précaution sans le mettre en contact avec la flamme, ou mieux, au bain-marie, de manière que le précipité ne se dépose pas sur les parois, mais se produise dans la masse du liquide, ce qui le rend beaucoup plus apparent.

En opérant ainsi, on peut retrouver très nettement 20 milligrammes de strontiane, en présence de proportions de baryte 30 fois supérieures; puis, les indications sont moins nettes et finissent par devenir négatives.

Mais si, avant de faire agir le chromate de potasse, on épuise en traitant plusieurs fois par l'alcool absolu, ou par de l'alcool d'un degré voisin de 100, le résidu formé par les chlorures terreux, après évaporation à sec de leur solution, et dessiccation à l'étuve (pour éviter la décrépitation), on élimine de la sorte la presque totalité du chlorure de baryum, et le procédé devient applicable jusqu'aux dilutions à partir desquelles, en l'absence des sels de baryte, les sels de strontiane ne sont plus précipités nettement par le sulfate de chaux. On peut ainsi retrouver 2 ou 3 milligrammes de strontiane, en présence de proportions quelconques de baryte.

Influence de la chaux. — Nous avons supposé, dans ce qui précède, que l'on avait affaire à un mélange de baryte et de strontiane exempt de chaux. La présence de cette dernière, surtout en grande proportion, qui est indiquée par l'apparence sirupeuse de la solution des chlorures terreux après concentration, diminue beaucoup la sensibilité des essais précédents pour la recherche de la strontiane, et même de la baryte. Mais il est facile d'éliminer la plus grande partie de la chaux, en transformant les sels terreux en azotates, puis en terres alcalines, par calcination, et reprenant par un peu d'eau, débarrassée d'acide carbonique, qui ne dissout qu'une très petite quantité de chaux et enlève la plus grande partie, ou la totalité de la baryte et de la strontiane.

Nous avons résumé la recherche des terres dans les deux tableaux suivants, dont le premier (A) est applicable dans le plus grand nombre de cas, mais cesse de l'être lorsque la proportion de la strontiane devient trop faible, par rapport à la baryte et surtout à la chaux. On suivra, dans ce cas, le second (B).

Mélanges de sels dissous. — Recherche des métaux.

TABLEAU n° 6 (Ba, St, Ca)

A

(Ce 1er tableau ne peut permettre de caractériser *Ba* et surtout *St* que si les proportions de *Ca* par rapport à *Ba* et à *St* et celles de *Ba* par rapport à *St* ne sont pas trop considérables.)

Solution traitée par le *sulfh. d'amm.* et contenant AzH⁴Cl.

— Ajouter un léger excès de *carbonate d'amm.* et chauffer doucement.

- *Précipité.* Le dissoudre dans *HCl* dilué, en évitant un trop grand excès. Evaporer la sol. à siccité dans une capsule, en terminant au bain-marie, de manière à chasser *complètement* l'excès de HCl et dissoudre le résidu dans quelques gttes d'eau.
  - Ajouter à une petite portion une sol. de *sulf. de chaux* et chauffer, s'il ne se produit pas de suite un trouble. *Pr.* immédiat en présence de quantités notables de *Ba*, lent surtout en présence de *Ca*, s'il n'y a que très peu de *Ba*, ou seulement *St*.
  - S'il s'est formé un pr., à une 2e p. de la liq. Ajouter quelques gouttes d'une sol. de *chromate neutre de K* à 5 p. 100, additionnée de 1/10e *d'ac. acétique crist.*
    - Le chromate a produit un *pr. jaune* . . . . . **Ba**
    - *En l'absence de Ba*, la présence de *St* est caractérisée par la réaction du *sulfate de chaux*, déjà constatée dans l'essai précédent.
    - *En présence de Ba*, reverser dans la capsule la liq. provenant de l'essai au chromate; ajouter la plus grande partie de la sol. des chlorures terreux et du *chromate* gtte à gtte, jusqu'à ce que la liq. qui surnage commence à se colorer nettement en jaune orange. Chauff. quelques instants à l'ébullition et filtrer dans un tube. Ajouter à la liqueur un égal vol. d'une sol. de *sulfate de chaux* et chauffer au bain-marie. *Précipité* se formant lentement. . . . . **St**
  - *En l'absence de Ba et de St*, la présence de Ca est caractérisée par la réaction du *carbonate d'amm.* en présence de *AzH⁴Cl*.
  - *En présence de Ba et de St*, précipiter ces métaux dans une 3e p. par un petit excès d'*ac. sulfurique* étendu; chauffer et verser dans la liq. filtrée et neutralisée par AzH³, de l'*oxalate d'amm. Pr. blanc*. . . . . **Ca**
- *Liqueur.* (Voir le tableau n° 7.)

B

(Les trois terres sont dans des proportions quelconques)

Solution traitée par le *sulfh. d'amm.* et contenant AzH^4Cl. — Ajouter un léger excès de *carbonate d'amm.* et chauffer doucement.

Précipité.
En prélever une petite p. et la traiter à chaud par un petit excès d'*ac. sulfurique* dilué, pour séparer *Ba* et *St*; filtrer et verser dans la liq. neutralisée par AzH^3, de l'*oxalate d'amm.* — *Pr.* Ca

En l'absence de Ca, dissoudre le reste du pr. dans *HCl* dilué, en évitant un trop grand excès. Evaporer la sol. à sec dans une capsule, en terminant au bain-marie, de manière à chasser *complètement* l'excès de *HCl*.

En présence de Ca, dissoudre le reste du pr. dans l'*ac. azotique* dilué, en évitant un trop grand excès. Evaporer à sec et calciner dans un creuset fermé (éviter la carbonatation), de manière à décomposer *complètement* les nitrates en terres caustiques. Reprendre le résidu par quelques cc. d'eau bouillie chaude, filtrer. La presque totalité de la chaux reste sur le filtre. Aciduler la liq. par un léger excès de *HCl* et évaporer comme précédemment la sol. des chlorures terreux.

Prélever une p. des chlorures terreux, la dissoudre dans quelques gouttes d'eau et diviser la sol. en deux portions :

Chauffer une p. avec quelques gouttes d'une sol. de *chromate neutre de K* à 5 p. 100, additionnée de 1/10ᵉ d'*ac. acétique crist.* — *Pr. jaune.*
(Conserver cet essai, si on a eu un pr., pour la recherche de St) . . . . Ba

En l'absence de Ba, rechercher *St*, en ajoutant à l'autre p. un égal vol. d'une sol. de *sulfate de chaux*. — *St* est caractérisé par un *pr.* se formant lentement et à chaud.

En présence de Ba, ajouter à l'essai où on a constaté un pr. par add. de chromate, une nouvelle quant. de chromate, gtte à gtte, jusqu'à ce que la liq. qui surnage commence à se colorer nettement en jaune orange. Faire bouillir et évaporer jusqu'à réduction à environ 1/2 cc. Filtrer dans un tube en lavant la capsule et le filtre avec environ un 1/2 cc. d'eau. Ajouter au liq. filtrée son vol. d'une sol. de *sulfate de chaux* et chauffer au bain-marie. Si la prop. de *St* n'est pas trop faible, on obtient un pr. se formant lentement.
Si l'on n'a pas de pr. traiter le reste des chlorures terreux, bien desséchés, par l'alcool absolu ou d'un degré voisin de 100, filtrer, évaporer complètement l'alcool au bain-marie, dissoudre le résidu dans une dizaine de gttes d'eau ; ajouter comme précédemment un léger excès de chromate acétique (2 à 3 gttes suffisent pour colorer la liq.) faire bouillir, filtrer comme plus haut, et faire l'essai au *sulfate de chaux* . . . . . . St

Liqueur. (Voir le tableau n° 7.)

Remarque. — La recherche de traces de strontiane devra être effectuée à l'aide du spectroscope.

81. Le tableau n° 7 est relatif à la recherche des métaux qui n'ont pas été précipités par les réactifs généraux précédents, en présence du chlorhydrate d'ammoniaque, c'est-à-dire le magnésium, le potassium, le lithium, le sodium, l'ammonium.

Rappelons encore que le magnésium aurait pu être précipité par l'ammoniaque, en même temps que les sesquioxydes, en présence des acides phosphorique, etc., mais on le retrouvera en totalité dans la liqueur séparée des sesquioxydes en liqueur acétique (78).

Mélanges de sels dissous. — Recherche des métaux.

TABLEAU N° 7 (Mg, K, Li, Na, AzH^3)

<table>
<tr>
<td rowspan="4">Solution traitée par le carbonate d'am. en présence de AzH^4Cl.
—
Enlever les traces de terres en solution en chauffant avec une goutte de SO^4H^2 étendu, saturant par AzH^3, et versant une goutte d'oxal. d'amm.
—
S'assurer qu'il reste un résidu fixe.</td>
<td colspan="3">A une petite portion de la liq., ajouter AzH^3 et du phosphate de soude: précipité cristallin (se formant lentement et par l'agitation, s'il y a peu de magnésie) . . . .</td>
<td>Mg</td>
</tr>
<tr>
<td rowspan="3">On cherche les alcalis fixes dans le reste de la liqueur.
S'il n'y a pas de magnésie, et si l'on constate que l'eau de baryte ajoutée à une petite portion ne donne pas lieu à un précipité[1], on élimine les sels ammoniacaux [2].
S'il se produit un pr. et après avoir, s'il y a de la magnésie, opéré au préalable une première élimination des sels ammoniacaux [3] et repris le résidu par l'eau, on ajoute de l'eau de baryte en léger excès, on fait bouillir; on précipite l'excès de baryte, dans la liq. filtrée chaude, par du carbonate d'amm.; on filtre, on élimine de nouveau les sels ammoniacaux [4].
On dissout le résidu ainsi obtenu, dans l'un ou dans l'autre cas, dans une goutte d'eau, on verse du chlorure de platine en excès [5] et l'on ajoute de l'alcool. On obtient :</td>
<td colspan="2">Un résidu, et l'on a constaté la formation d'un précipité. . . . . .</td>
<td>K</td>
</tr>
<tr>
<td rowspan="2">Une liqueur.
—
Eliminer Pt par H^2S dans la liq. légèrement acidulée. Diviser la liq. en deux parties, après s'être assuré qu'il reste un résidu fixe</td>
<td>Une portion concentrée et alcalinisée par de la soude, précipite par le phosphate de soude, surtout après ébullition.
(Vérifier la coloration de la flamme en rouge; mais cette coloration peut être masquée par un sel de soude. Il faut avoir recours au spectroscope, pour déceler la présence de petites quantités de lithine.). . . . .</td>
<td>Li</td>
</tr>
<tr>
<td>Une autre portion neutralisée par la potasse et traitée par le biméta-antimoniate de K donne un pr. grenu (essayer le réactif).
(En l'absence de la lithine, ce qui est le cas général, la présence de la soude sera caractérisée simplement par l'existence d'un résidu fixe, après l'évaporation de la liq. séparée de la magnésie et de la potasse.)</td>
<td>Na</td>
</tr>
<tr>
<td colspan="4">Ajouter à une portion du mélange prim. KOH et chauffer : gaz alcalin. .</td>
<td>AzH^3</td>
</tr>
</table>

(1) Ce précipité indiquerait en effet la présence d'acides, tels que l'acide sulfurique, formant avec la soude des sels qui pourraient être ensuite précipités par l'alcool, en même temps que le sel double de platine et de potassium.

(2) En chauffant avec de l'eau régale, ou par calcination. Dans ce cas, ne pas chauffer trop fort pour éviter de volatiliser les chlorures alcalins.

(3) Ces sels ammoniacaux empêcheraient la précipitation de la magnésie par la baryte.

(4) Si l'on opère cette élimination par calcination, on ajoute auparavant un peu de *AzH^4Cl*, pour transformer en chlorures les alcalis pouvant résulter de l'action de la baryte sur les sels alcalins.

(5) La quantité de *chlorure de platine* ajoutée doit être assez grande pour que la liqueur filtrée soit nettement colorée en jaune.

REMARQUES. — 1° La séparation par l'acide sulfurique et l'oxalate d'ammoniaque des traces de terres qui peuvent rester en dissolution après le traitement par l'ammoniaque serait surtout utile si l'on avait fait la précipitation des carbonates terreux à la température ordinaire; mais, même à chaud, une petite quantité de ces derniers pourrait rester en dissolution, grâce à la présence des sels ammoniacaux, et donner avec le phosphate de soude un léger précipité qui ferait croire à l'existence de petites quantités de magnésie.

2° On doit ajouter une quantité de chlorure de platine suffisante, non seulement pour précipiter toute la potasse, mais encore pour transformer le chlorure de sodium en chlorure double de platine et de sodium soluble dans l'alcool, c'est-à-dire, ajouter un excès de chlorure de platine, de manière à obtenir une liqueur filtrée nettement colorée en jaune; sans cette précaution, le chlorure de sodium serait précipité par l'alcool, en même temps que le chlorure double de platine et de potassium, et l'on pourrait ne pas retrouver la soude dans la liqueur filtrée; on risquerait aussi de prendre un précipité de chlorure de sodium pour un précipité de chlorure double de platine et de potassium. Si la quantité de chlorure de platine était insuffisante et si du chlorure de sodium s'était précipité dans la liqueur alcoolique, on constaterait qu'il se redissoudrait par l'addition d'une nouvelle quantité de réactif.

3° Nous avons vu (p. 13) que le biméta-antimoniate de potasse ne devait être employé qu'avec les plus grandes réserves. On s'abstiendra donc d'user de ce réactif, en l'absence de la lithine, c'est-à-dire, dans presque tous les cas.

CHAPITRE XII

RECHERCHE DES MÉTAUX DANS UN MÉLANGE DE SELS INSOLUBLES DANS L'EAU ET DANS LES ACIDES

82. Un essai préliminaire, consistant à humecter une partie de l'échantillon à analyser avec le sulfhydrate d'ammoniaque indiquera la présence du plomb ou de l'argent qui seront transformés en sulfures noirs.

Nous avons vu (ch. X, p. 89) comment la calcination avec les carbonates alcalins, dans un creuset de porcelaine, si le mélange contient du plomb ou de l'argent, ou du platine, s'il n'en renferme pas, transformera les sels insolubles, de telle sorte que les métaux pourront être amenés à l'état de dissolution : le sulfate de plomb, les sulfates terreux et le fluorure de calcium donnant des carbonates solubles dans les acides après lavage; l'oxyde des silicates, soluble dans l'eau ou dans les acides, étant mis en liberté; les chlorure, bromure et iodure d'argent donnant un résidu d'argent métallique, soluble dans l'acide azotique; les oxydes insolubles dans les acides étant transformés en produits solubles dans l'eau ou dans les acides.

On appliquera donc aux métaux ainsi amenés à l'état de solution les méthodes précédentes.

CHAPITRE XIII

DÉTERMINATION DES ACIDES

83. Dans la recherche des métaux, nous avons pu, en général, nous servir de méthodes dichotomiques, nous permettant de séparer les métaux après un certain nombre de subdivisions successives. Il n'en sera pas de même pour les acides. Bien que dans beaucoup de traités d'analyse, les méthodes de recherche des acides et des métaux soient exposées sous une forme analogue, celles relatives aux acides n'y ont que l'apparence de méthodes dichomotiques, et cette apparence qu'on a cherché à leur conserver, entraîne de nombreux inconvénients. Quelques-uns des précipités que les acides donnent avec les réactifs généraux sont plus ou moins solubles dans l'eau, surtout en présence des sels ammoniacaux, et cette solubilité peut déterminer des erreurs. D'autres fois, le précipité est altérable et s'oxyde pendant la filtration et le lavage ; c'est ce qui peut avoir lieu avec le sulfite de baryte. La transformation préalable des sels métalliques en sels sodiques, pratiquée généralement pour la recherche de tous les acides, détermine, pour un certain nombre, un entraînement partiel ou total dans le précipité sodique, (*exemples :* acide phosphorique, en présence d'un excès de sels ferriques; acide oxalique, en présence d'un excès de sels de chaux, etc.), ce qui nécessite une double recherche dans le précipité et dans la liqueur, ou expose à des omissions fréquentes ; cette transformation est

en outre fort longue et délicate à effectuer, par suite de la solubilité de la plupart des métaux dans un excès de carbonate alcalin, due à l'existence de sels doubles sodiques; elle ne peut être effectuée en présence d'un grand nombre de composés organiques qui empêchent complètement ou partiellement la précipitation des oxydes et des carbonates de la plupart des métaux (p. 176). D'autre part, la recherche des acides, sous la forme d'une méthode dichotomique, ne présente guère d'avantages, chaque acide étant finalement caractérisé, le plus souvent, par une réaction qui n'exige pas l'élimination des autres et qui peut aussi bien être obtenue avec la liqueur primitive qu'avec le précipité produit par un réactif général, tel que le précipité barytique. Aussi la séparation des acides en plusieurs groupes par précipitation constitue-t-elle une perte de temps inutile, quand elle ne présente pas les causes d'erreur que nous venons de signaler. Nous supprimerons également le deuxième traitement par l'hydrogène sulfuré, généralement pratiqué, dans la recherche des acides, sur la solution contenant les sels transformés en sels sodiques. Il ne faut pas oublier, en outre, qu'un certain nombre d'acides, formant avec les terres des sels insolubles, ont dû être caractérisés dans la recherche des métaux, après la précipitation par l'hydrogène sulfuré (p. 104). Il est donc inutile de faire rentrer ces acides dans des précipités complexes d'où on aura ensuite à les séparer.

Nous avons cherché à éviter ces inconvénients, en déterminant directement la plupart des acides.

Nous rechercherons d'abord ceux qui peuvent être déplacés, à froid ou à chaud, par l'acide sulfurique (*acides carbonique, sulfhydrique, azoteux, hyposulfureux*[1], *cyanhydrique, formique, acétique, azotique*. Cette recherche des acides volatils se fera

[1] Nous rechercherons l'*acide hyposulfureux* en même temps que les acides volatils.

facilement, en traitant la liqueur primitive par l'acide sulfurique dans un petit ballon muni d'un tube recourbé. On verra d'abord s'il se dégage un gaz que l'on pourra recueillir dans l'eau de chaux, ou dans une solution d'un sel de plomb; puis on cherchera les acides volatils en distillant le liquide dans le même appareil, et en condensant les vapeurs dans un tube à essai contenant quelques gouttes d'eau et plongeant dans un verre d'eau froide (fig. 8). Il est bon, afin d'éviter les absorptions, de faire traverser le bouchon par un second tube droit, servant de tube de sûreté.

Fig. 8. — Recherche des acides volatiles.

Nous aurons, après, à nous occuper d'un groupe d'acides minéraux formant avec les terres des sels insolubles (*acides sulfurique*, *phosphorique*, *oxalique*[1], *silicique*, *fluorhydrique*, *borique*); mais dans le cas général, c'est-à-dire lorsqu'on aura obtenu, dans la détermination des bases, un précipité permanent par l'*ammoniaque* et le *chlorhydrate d'ammoniaque*, cette détermination aura déjà été faite dans le cours de la recherche des bases (p. 104), et nous n'aurons pas à y revenir. Dans le cas contraire, nous l'effectuerons après celle des acides volatils. Nous ferons usage de la liqueur primitive, et, pour quelques essais, d'une portion de la liqueur obtenue dans la recherche des bases, après traitement par l'hydrogène sulfuré, portion réservée pour cet usage (77 p. 100); cette liqueur, en effet, a été débarrassée du cuivre, dont la présence pourrait gêner la recherche de l'acide borique par la coloration de la flamme de l'alcool et l'acide arsénique, les acides chromique, manganique, permanganique, dont la présence pourrait empêcher plus ou moins la recherche de l'acide phosphorique par le

[1] Nous rechercherons l'*acide oxalique* en même temps que les acides minéraux.

molybdate d'ammoniaque y ont été, le premier éliminé, les seconds transformés par réduction.

Nous rechercherons ensuite les acides *chlorhydrique*, *bromhydrique*, *iodhydrique*, *chlorique* et *perchlorique*.

Il restera à caractériser certains acides dont la présence pourra être soupçonnée d'après les résultats obtenus dans la recherche des métaux. Parmi ces acides, figurent les composés oxygénés de l'arsenic, qui ne forme pas d'oxyde basique et qui à l'état d'*acide arsénieux* ou d'*acide arsénique*, aura déjà donné du sulfure d'arsenic par l'action de l'hydrogène sulfuré. Nous y trouverons aussi les *acides chromique*, *manganique*, *permanganique*, formés par les oxydes supérieurs de métaux pouvant donner également des oxydes basiques, chrome, manganèse, et déjà caractérisés dans la recherche des métaux. Le protoxyde de manganèse ne peut exister dans une solution en même temps que les acides manganique et permanganique (54, p. 78). Nous verrons (p. 175) comment on pourra rechercher si le chrome existe dans la liqueur primitive à l'état d'oxyde basique ou à l'état d'acide, ou enfin sous ces deux états.

D'autres métaux, *étain*, *antimoine*, *aluminium*, *zinc*, dont les oxydes appartiennent à la classe des *oxydes indifférents*, pourront exister dans le mélange primitif à l'état de combinaisons où leurs oxydes jouent le rôle de véritables acides; mais lorsqu'on aura trouvé, dans la recherche des bases, l'étain (au maximum), ou les autres de ces métaux, la réaction au tournesol de la liqueur primitive aura déjà donné une indication suffisante sur la nature des sels formés par ces oxydes. Cette question, du reste, qui peut être facilement résolue, dans le cas d'un sel isolé, ne présente que peu d'intérêt, dans le cas d'un mélange, si on se borne, comme on le fait généralement, à indiquer les résultats de l'analyse, sans rechercher avec quelles bases les divers acides peuvent être unis et réciproquement.

Quel que soit le rôle du bioxyde d'étain, des oxydes d'antimoine, de l'alumine ou de l'oxyde de zinc, il suffira d'indiquer, dans les résultats, la présence de l'étain au maximum, de l'antimqine, de l'aluminium et du zinc.

Enfin, si le mélange primitif contient des substances carbonisables, nous rechercherons, parmi les acides organiques, les acides *tartrique* et *citrique*.

Le nombre des acides étant presque indéfini, nous avons dû nous borner aux principaux.

CHAPITRE XIV

DÉTERMINATION DE L'ACIDE D'UN SEL SIMPLE SOLUBLE DANS L'EAU

84. Le tableau suivant indique la marche à suivre pour la détermination de l'acide d'un sel simple soluble dans l'eau. Cette marche est analogue à celle qui nous servira ultérieurement pour les mélanges de sels; aussi n'aurons-nous que peu de modifications à y apporter, et ce premier exercice pourra servir de préparation à la recherche des acides dans le cas général (*voir* 33, p. 50) : on trouvera dans le chapitre XV, le détail des réactions qui nous serviront à caractériser les divers acides.

Dans le cas d'un sel soluble, le résultat obtenu dans la recherche du métal donnera une première indication, en éliminant les acides qui donneraient avec ce métal un sel insoluble.

— La recherche des acides *sulfureux*, *cyanhydrique*, *formique*, *acétique* et *azotique* pourra être faite directement et sans distillation sur la liqueur primitive, si le métal trouvé est un métal terreux ou alcalin. Si cette liqueur primitive contient un excès d'acide, on neutralisera avec du carbonate de chaux ou de baryte la portion destinée à la recherche des acides acétique et formique. Si elle renferme, au contraire, un excès d'alcali, on la saturera par de l'acide chlorhydrique et si on a ajouté un excès de ce dernier, on le neutralisera par le carbonate terreux.

Détermination de l'acide d'un sel dissous dans l'eau.

ACIDES VOLATILS

A une portion de la liq. ajouter à froid un léger excès d'*ac. sulfurique* étendu (1). — (Si la liq. n'est pas acide et s'il peut y avoir CO^2, recueillir le gaz dans de l'*eau de chaux*.)

- Il se dégage un gaz troublant l'*eau de chaux* . . . . **Carbonate**
- Il se dégage H^2S (odeur, sel de plomb). . . . . **Sulfure**
- Il se dégage des *vapeurs nitreuses* . . . . **Azotite**
- Il se précipite du *S* (une portion du pr. lavé et chauffé avec de l'*azotate de K* donne du sulfate reconnaissable par un *sel de Ba*) et SO^2 est mis en liberté . . . . **Hyposulfite**
- Distiller quelques gouttes (2).
  - La liq. distillée a une odeur de SO^2 : elle décolore l'*iodure de K ioduré* en donnant de l'*ac. sulfurique*, et les acides ne précipitent pas de *S* dans la liq. prim. **Sulfite**
  - La liqueur distillée à l'odeur de l'essence d'amandes amères ; avec de la *potasse*, puis du *sulfate ferreux* et du *perchlorure de fer*, puis *HCl*, on a du *bleu de Prusse*.
    - La liq. prim. ne précipite en bleu ni les *sels de proto*, ni ceux de *peroxyde de fer*. . . . . **Cyanure simple**
    - Elle précipite en bleu les *sels de peroxyde de fer*. **Ferrocyanure**
    - Elle précipite en bleu les *sels de protoxyde de fer*. **Ferricyanure**
    - Dans le cas du *cyanure de Hg*, traiter par H^2S pour mettre en liberté l'ac. cyanhydrique, comme plus haut. . . . . **Cyanure de mercure**
- Distiller la plus grande portion du liq.
  - Neutraliser à chaud par le *carbonate de Ba* précipité : filtrer, ajouter une goutte de *perchlorure de fer* neutre, étendu, à une portion. Coloration rouge foncé. A chaud, pr. ocreux, et si le perchlorure n'est pas en excès, la liq. se décolore.
    - Faire bouillir une autre p. avec du *nitrate d'Ag*. Pr. noir d'*Ag* réduit. — Évaporer à sec une autre portion et chauffer avec l'*ac. sulfurique* et l'*alcool* : dégagement d'*éther formique* (odeur de rhum) . . . . . **Formiate**
    - On obtient dans l'essai précédent un dégagement d'*éther acétique* (odeur) . **Acétate**
- Au résidu, ajouter de la *tournure de Cu* et de l'*ac. sulfur. concentré*, s'il est nécessaire ; il se dégage des vapeurs nitreuses. **Azotate**

(1) Il peut se précipiter de l'*ac. borique*, de l'*ac. silicique* qu'on peut isoler pour les caractériser.

(2) Dans le cas des sels alcalins ou terreux, la recherche des *ac. sulfureux, cyanhydrique, formique, acétique et azotique* peut être faite sur la sol. prim. (p. 124). — Si la liq. prim. précipite en bleu les sels de *proto* ou de *peroxyde de fer*, on devra distiller un vol. notable, pour mettre en liberté l'ac. cyanhydrique.

ACIDES MINÉRAUX FORMANT DES SELS TERREUX INSOLUBLES

Ajouter à une p. de la liq. prim. *HCl dilué* et $BaCl^2$ (ou s'il y a Ag, *Pb*, ou Hg au min. de l'*ac. azotique dilué* et de l'*azotate de Ba*). Pr. complètement insoluble. (L'*ac. silicique* peut donner un pr. gélatineux, plus ou moins insoluble dans HCl. **Sulfate**

Ajouter à une autre p. *HCl*, un *sel de chaux* et de l'*acétate de Na*. La liq. ne précipite pas par l'addition du sel de chaux (sulfates, fluorures), mais après l'addition de l'acétate alcalin . . . . **Oxalate**

Chauffer légèrement 2 ou 3 gttes de la liq. prim. avec du *molybdate d'amm.* — *Pr.* jaune (On se trouve en l'absence de mat. organiques et d'ac. arsénique) . . . . **Phosphate**

Sur une autre p. on recherche l'ac. silicique par l'évaporation à sec, en présence de HCl (*résidu de silice insoluble*), ou par la production de *fluorure de silicium* avec *$CaFl^2$ précipité* et de l'*ac. sulfurique*, dans un creuset de platine (p. 138). . . . . **Silicate**

Sur une autre p. on recherche l'ac. fluorhydrique par la production de *fluorure de silicium*, avec de la *silice* ou un *silicate* et de l'*ac. sulfurique* dans un creuset de porcelaine (p. 140). . . . . **Fluorure**

On obtient, à la fois, le réaction de l'ac. silicique et de l'ac. fluorhydrique. . . . . **Hydrofluosilicate**

Évaporer à sec une p.; ajouter au résidu de l'*ac. sulfurique* et de l'*alcool méthylique* et enflammer. — *Flamme verte*. (On est en l'absence du cuivre.) . . . . **Borate**

HYDRACIDES ET ACIDES OXYGÉNÉS DU CHLORE

La liq. prim. ne précipite pas les *sels de Ba*, mais donne avec l'*azotate d'argent* (1), après addition d'*ac. azotique*, un *pr.*	*Blanc.* — Une gtte d'*eau de chlore*, agitée avec la liq. prim. ne met pas d'*I*, ni de *Br* en liberté et ne colore pas le CS^2	**Chlorure**
	Jaune. — Une gtte d'*eau de chlore* colore CS^2 en. . *brun* .	**Bromure**
	violet.	**Iodure**
La liq. prim. ne précipite ni les *sels de Ba* ni les *sels d'Ag*, mais, après évaporation et calcination, elle donne un résidu qui, repris par l'eau et additionné d'*ac. azotique*, précipite en blanc par l'*azotate d'Ag*.	La liq. prim. est colorée en jaune par l'*ac. sulfurique concentré*	**Chlorate**
	Elle n'est pas colorée.	**Perchlorate**

(1) Si l'on avait un *sulfure*, un *cyanure* un *ferro* ou *ferricyanure*, ces sels précipiteraient l'*azotate d'Ag*; mais ces acides auraient déjà été caractérisés.

ACIDES FORMÉS PAR LES OXYDES DES MÉTAUX DÉJA CARACTÉRISÉS DANS LA RECHERCHE DES BASES

La liq. prim. aciduiée a donné par H^2S du *sulfure d'AS* pur ou mélangé de soufre	immédiatement . . .	**Arsénite**
	lentement et à chaud.	**Arséniate**

On a trouvé du *chrome* et la liq. prim. est colorée en jaune ou orangé et précipite en jaune les *sels de Pb*, après addition d'*ac. acétique*. . . . . **Chromate**

On a trouvé du *manganèse* et la liq. prim. est colorée	en vert	**Manganate**
	en rouge	**Permanganate**

On a trouvé de l'*étain au maximum*, ou de l'*antimoine*, de l'*aluminium*, du *zinc*, et, en même temps, une base alcaline. La liqueur primitive n'est pas acide et est généralement alcaline. . . . . . . **Stannate**, **Antimoniate**, **Antimonite**, **Aluminate**, **Zincate**

ACIDES TARTRIQUE ET CITRIQUE

On recherchera ces acides si le sel à analyser, ou sa solution, donne des produits carbonisables par calcination.

Les acides tartrique et citrique formant avec un assez grand nombre de métaux des sels peu solubles, mais non absolument insolubles, ou qui se dissolvent facilement en présence d'un excès d'acide, nous nous occuperons, en même temps, pour la recherche de l'acide dans un sel isolé, des sels solubles et des sels insolubles.

1° *Le métal du sel est précipitable par H^2S* (tous les métaux excepté le chrome, l'alumine, le manganèse, les métaux terreux et alcalins). — On mettra en liberté les acides en traitant par H^2S, sans addition d'acide minéral, la sol. aqueuse des sels solubles, ou le sel mis en suspension dans l'eau, s'il est insoluble ou peu soluble. Dans ce dernier cas, il devra être finement pulvérisé, s'il n'est pas à l'état de précipité, et l'on devra prolonger assez longtemps l'action de H^2S. Une p. de la liq. filtrée est ensuite concentrée par évaporation et on y recherche l'*ac. tartrique* par addition d'une sol. concentrée de *KCl* ou de *KBr*, qui détermine, dans le cas d'un tartrate, surtout après agitation, un pr. de crème de tartre. — On pourra aussi rechercher cet acide sur une autre p., avec la *résorcine* et l'*ac. sulfurique* (p. 158).

Sur une autre p. de la liq. traitée par H^2S et débarrassée par ébullition de l'excès de ce gaz on recherche l'*ac. citrique* par le *procédé Denigès* (p. 161).

2° *Le métal n'est pas précipitable par H^2S.*

Si le sel est soluble et n'est pas un sel de potassium, on recherchera l'*ac. tartrique* par la production de *crème de tartre*, sur une p. de la sol. concentrée, additionnée d'un peu d'*ac. acétique*, et de *KCl* ou *KBr*, ou par la *résorcine* et l'*ac. sulfurique*.

Dans le cas d'un *sel de potassium*, on pourra de même rechercher l'ac. tartrique par la *résorcine* et l'*ac. sulfurique*, ou en formant un pr. de *crème de tartre*, par simple addition d'*ac. acétique*, s'il s'agit d'un tartrate neutre. Si le sel est de la crème de tartre elle-même on constatera que la solubilité augmente par addition d'un peu de *potasse* et que le bitartrate se reprécipite par addition d'*ac. acétique*.

Enfin, s'il *s'agit d'un sel insoluble*, on le fera chauffer avec un petit excès d'*ac. sulfurique* étendu, versé gtte à gtte, et en agitant, jusqu'à ce qu'une gtte d'*orangé* n° 3 introduite dans le mélange soit colorée en rouge vif, mais sans en ajouter un excès. S'il se forme un pr. on le sépare par filtration et l'on recherche l'*ac. tartrique* sur une p. de la liq. acide, après concentration suffisante, par addition d'une sol. concentrée de *KBr*. Si l'ac. sulfurique n'a pas été ajouté en trop grand excès il se forme un pr. de crème de tartre. Si le pr. ne se produit pas au bout de quelque temps et en agitant, ajouter un peu d'*acétate de Na* jusqu'à ce que la mat. colorante introduite passe du rouge au jaune, mais en évitant un excès, la crème de tartre étant soluble dans les acétates alcalins.

On pourra aussi rechercher l'ac. tartrique, sur une partie du sel insoluble, directement par la *résorcine* et l'*ac. sulfurique*.

L'*ac. citrique* pourra être recherché directement par le *procédé Denigès* sur le sel insoluble dissous dans de l'ac. sulfurique étendu. — Si le métal du sel forme avec l'ac. sulfurique un sel insoluble, on séparera, au préalable, le sulfate par filtration. — Si le métal est du *manganèse* ou du *chrome*, on devra l'éliminer (**108**). Dans le premier cas on traitera le sel par AzH^3 et le *sulfhydrate d'amm.*, et l'on fera bouillir la liq. filtrée avec un excès de SO^4H^2; dans le deuxième cas, on séparera l'ac. citrique par un traitement à la chaux, comme dans le cas des sels mélangés (p. 179).

CHAPITRE XV

CARACTÈRES DES PRINCIPAUX ACIDES

Nous allons passer en revue les caractères des acides qui figurent dans le tableau précédent en y joignant, ainsi que nous l'avons fait pour les métaux, quelques autres réactions qui pourront servir de vérifications, ou auxquelles nous aurons recours dans le cas des mélanges de sels. Nous suivrons, du reste, l'ordre suivant lequel ces acides sont rangés dans ce tableau.

85. Carbonates. — Traités par un *acide*, ils dégagent du gaz carbonique qui trouble l'*eau de chaux* avec production de carbonate de chaux ; ce dernier peut se redissoudre dans un excès d'acide carbonique. On peut substituer l'*eau de baryte* à l'eau de chaux, excepté en présence des sulfites, car l'acide sulfureux précipite cette dernière, tandis qu'il ne trouble pas l'eau de chaux. — Les *sels de magnésie* ne sont pas précipités par les bicarbonates alcalins, ce qui permet de distinguer ces derniers des carbonates neutres.

86. Sulfures. — Traités par un *acide*, ils dégagent de l'hydrogène sulfuré, reconnaissable à son odeur et à son action sur les *sels de plomb*, qu'il noircit avec production de sulfure. — Les dissolutions, même très étendues, d'acide sulfhydrique ou de sulfures, additionnées de *soude* et de *nitroprussiate de soude* sont colorées en violet.

87. Azotites. — Traités par l'*acide sulfurique*, ils laissent dégager des vapeurs nitreuses. — Les azotites donnent une réaction analogue à celle des azotates, avec une solution de *diphénylamine* (même lorsque la liqueur est étendue d'eau), ou avec une solution de *phénol* dans l'*acide sulfurique* (95) ; si dans ce dernier réactif on remplace l'acide sulfurique par l'*acide acétique*, on obtient ainsi une coloration en présence des azotites, tandis que les azotates sont sans action. — Chauffés avec une solution acide de *métaphénylène diamine*, ils donnent une coloration variant du jaune clair au jaune brun, suivant la concentration (Griess). Cette réaction n'est pas produite par les azotates. On opère de la façon suivante : on introduit dans un tube à essai 4 ou 5^{cc} d'acide sulfurique dilué au 1/10e, quelques gouttes d'une solution à 2 p. 100 de métaphénylène diamine dans l'ammoniaque diluée de son volume d'eau (cette solution a été au préalable, décolorée par l'agitation avec du noir animal), puis quelques gouttes de la liqueur à examiner, et l'on chauffe au bain-marie.

Si la liqueur ne contient que des traces d'azotites, comme dans le cas de certaines eaux potables, on ajoute non quelques gouttes, mais 50 à 100^{cc}.

Les hypochlorites, les hypobromites, le chlore et le brome libres donnent une coloration semblable avec ce réactif.

— Une solution d'azotite traitée par l'*acétate d'aniline*, à l'ébullition, donne une coloration jaune orangé qui devient rouge par l'addition de quelques gouttes d'*acide chlorhydrique* (Denigès). On prépare le réactif en dissolvant 2^{cc} d'aniline pure dans 40^{cc} d'acide acétique cristallisable et complétant le volume de 100^{cc} avec de l'eau distillée. On chauffe à l'ébullition pour décolorer, si cela est nécessaire. On introduit 4 à 5^{cc} de ce réactif dans un tube à essai, quelques gouttes de la solution à examiner et l'on chauffe à l'ébullition. Le liquide devient jaune. Si l'on ajoute quelques gouttes d'acide chlorhydrique, la coloration passe au rouge. Avant de faire cette réaction, on doit s'assurer que la liqueur à examiner n'est pas acide.

Une réaction semblable est encore donnée par les hypochlorites, les hypobromites, le chlore et le brome.

88. Sulfites. — *L'acide sulfurique* met en liberté, dans les solutions des sulfites, de l'acide sulfureux reconnaissable à son odeur, et qui reste dissous. Si l'on distille quelques gouttes de la liqueur, la portion distillée a l'odeur de l'acide sulfureux et décolore l'*iodure de potassium ioduré* avec production d'acide sulfurique que l'on peut caractériser par du *chlorure de baryum*; il se forme un précipité de sulfate de baryte insoluble dans l'acide chlorhydrique. — L'action du *chlorure de baryum* sur les sulfites alcalins est digne de remarque, et nous aurons l'occasion de l'appliquer dans l'analyse des mélanges de sels. Le sulfite neutre de potasse SO^3K^2 a une réaction alcaline sur le papier de tournesol; traité par le chlorure de baryum, il donne du sulfite neutre de baryte insoluble, qui se précipite et du chlorure de potassium :

$$SO^3K^2 + BaCl^2 = SO^3Ba + 2KCl,$$

de sorte que la liqueur devient neutre au tournesol. Si l'on traite, au contraire, par le chlorure de baryum du bisulfite de potasse SO^3KH, il se formera le même sulfite neutre qui se précipitera, du chlorure de potassium, et la moitié de l'acide sulfureux sera mise en liberté :

$$2SO^3KH + BaCl^2 = 2KCl + SO^3Ba + SO^3H^2,$$

de sorte que la liqueur, ramenée d'abord à être à peine acide au tournesol par l'addition d'une quantité convenable de potasse, devient nettement acide et a une odeur marquée d'acide sulfureux. Ce dernier, du reste pourra être entraîné par la distillation de quelques gouttes de liquide et caractérisé comme plus haut. Cette réaction permet donc de mettre en liberté une partie de l'acide sulfureux d'un sulfite, à l'aide d'un corps neutre, le chlorure de baryum, et peut être appliquée à la détermination des sulfites en présence des hyposulfites qui sont décomposés par les acides, avec production d'acide sulfureux et de soufre.

89. Hyposulfites. — Les *acides* mettent en liberté du soufre, et il se produit de l'acide sulfureux. Le précipité de soufre, lavé et chauffé avec de l'azotate de potasse donne du sulfate reconnaissable par un *sel de baryte*. — Lorsque les hyposulfites sont en présence de sulfites, on peut acidifier légèrement la liqueur, sans qu'il se produise un dépôt de soufre, du moins dans les premiers moments; en effet, si la réaction de la liqueur sur le tournesol est faiblement acide, l'acidité sera due à l'acide sulfureux et celui-ci ne précipite pas de soufre, du moins au début, avec les hyposulfites. — Les hyposulfites décolorent les *solutions d'iode* en se transformant en tétrathionates qui ne précipitent pas les sels de baryte.

90. Cyanures. — Les *acides* mettent en liberté de l'acide cyanhydrique, d'une odeur caractéristique. — Si l'on distille la liqueur, l'acide cyanhydrique pourra être retrouvé dans les premières gouttes condensées, et caractérisé par la formation du *bleu de Prusse*. — Voici comment on peut produire cette réaction qui permet de caractériser l'acide cyanhydrique libre ou combiné à l'état de cyanure alcalin : on ajoute à la liqueur quelques gouttes de *sulfate de protoxyde de fer* et de *perchlorure de fer*, puis un excès de *potasse*; on ajoute ensuite un excès d'*acide chlorhydrique* qui dissout les oxydes de fer précipités en excès. Il se produit un précipité bleu, ou une coloration bleue ou verte, si la proportion d'acide cyanhydrique est peu considérable. — L'acide cyanhydrique et les cyanures alcalins donnent, avec le nitrate d'argent, un précipité blanc, insoluble dans l'acide azotique étendu, et qui se décompose par la calcination, en laissant un résidu d'argent métallique.

91. Les *ferro* et *ferricyanures* sont décomposés à chaud par les *acides concentrés*, en donnant comme les cyanures alcalins de l'acide cyanhydrique qui pourra être caractérisé comme précédemment. — Les ferrocyanures donnent en outre, avec les *sels de peroxyde de fer*, un précipité de bleu de Prusse. — Les ferricyanures ne donnent pas avec ces sels de précipité mais seulement une coloration brune. — Avec les *sels de protoxydes*, ces derniers donnent un précipité bleu semblable au bleu de Prusse, tandis que les ferrocyanures donnent un précipité blanc bleuâtre, bleuissant rapidement au contact de l'air.

92. Enfin, le *cyanure de mercure* n'abandonne pas son acide cyanhydrique sous l'action des acides. Pour l'isoler, il faut avoir recours à l'acide sulfhydrique qui donne un précipité de sulfure de mercure, en mettant en liberté l'acide cyanhydrique, que l'on pourra caractériser comme plus haut.

93. Formiates. — Les formiates étant traités par un *acide minéral* étendu d'eau, l'acide formique sera mis en liberté et sera entraîné par la distillation. — Les solutions des formiates alcalins, ou de l'acide formique neutralisé par un alcali ou par les carbonates terreux, étant additionnées d'une goutte de *perchlorure de fer*, sont colorées en rouge foncé, et la liqueur portée à l'ébullition se trouble en produisant un précipité ocreux de sel basique; si le perchlorure de fer n'est pas en excès, la liqueur se décolore complètement. — L'acide formique neutralisé par un alcali ou par un carbonate terreux, ou les solutions d'un formiate alcalin ou terreux, réduisent à l'ébullition le *nitrate d'argent* avec production d'un précipité noir d'argent. Si les solutions ne sont pas trop étendues, il se produit d'abord à froid un précipité blanc de formiate d'argent qui noircit ensuite en se réduisant à chaud. La réduction est empêchée par un excès d'ammoniaque ou par la présence des cyanures alcalins. — La solution d'un formiate étant évaporée à sec au bain-marie, et chauffée avec de l'*acide sulfurique* et de l'*alcool*, il se produit de l'éther formique qui a une odeur de rhum très caractéristique. — L'acide formique est oxydé par l'*acide azotique*, avec production d'acide carbonique, de vapeurs nitreuses et d'oxydes d'azote.

94. Acétates. — Même action des *acides* et même réaction avec le *perchlorure de fer*. — Les acétates alcalins ne réduisent pas l'*azotate d'argent*. — Leurs solutions étant évaporées à sec et chauffées avec de l'*acide sulfurique* et de l'*alcool*, il se produit de l'éther acétique très reconnaissable à son odeur.

95. Azotates. — L'acide azotique ou les azotates en solution additionnés d'*acide sulfurique*, et traités par de la *tournure de cuivre*, donnent un dégagement de bioxyde d'azote qui se transforme au contact de l'air en vapeurs rouges d'acide hypoazotique; cette production d'acide hypoazotique, se manifeste surtout en faisant la réaction dans un tube à essai, et regardant dans l'intérieur du tube, dans le sens de sa longueur. — La réaction suivante permet de reconnaître des traces d'acide azotique dans une liqueur : on mélange cette dernière avec son volume d'*acide sulfurique concentré*, et, sur le mélange refroidi on fait couler, en versant doucement sur les parois du verre et en ayant soin de ne pas mélanger les deux couches, une solution saturée de *sulfate de protoxyde de fer*; il se produit sur la couche de séparation une coloration pourpre, qui devient ensuite brune ou rougeâtre. — Une réaction encore plus sensible de l'acide azotique est fondée sur la production de dérivés nitrés du *phénol*: on emploie comme réactif une solution de phénol pur dans l'acide sulfurique pur, monohydraté, dans la proportion :

Phénol.	3	grammes.
Acide sulfurique.	37	—

On évapore à sec, au bain-marie, la solution pouvant contenir un azotate; si l'acide azotique peut être à l'état libre, on a soin d'ajouter au préalable de l'ammoniaque en excès; on laisse refroidir et l'on ajoute au résidu deux ou trois gouttes du réactif sulfo-phénique, en ayant soin de le promener avec un agitateur sur toute la paroi de la capsule; on ajoute quelques gouttes d'eau distillée, puis un excès d'ammoniaque; on obtient ainsi une solution jaune dont la coloration est encore très nette avec des quantités d'acide azotique correspondant à quelques centièmes de milligramme. On peut ainsi caractériser et même doser (colorimétriquement) les azotates en dissolution dans l'eau ordinaire. Mais ce procédé est d'une sensibilité trop grande pour pouvoir être appliqué en général à la recherche de l'acide azotique dans l'analyse des sels.

— Il en est de même du procédé fondé sur l'emploi de la *diphénylamine*, qui a été également utilisé pour doser colorimétriquement des traces d'acide azotique. On emploie une solution de 0^{gr},2 de diphénylamine dans 500^{cc} d'acide sulfurique pur et l'on ajoute 1^{cc} de la liqueur à essayer à 5^{cc} de réactif. Il se produit ainsi une coloration bleue déjà très manifeste dans l'eau ordinaire sans évaporation préalable.

Si la liqueur contient une quantité notable d'acide azotique, on la dilue avant de faire cet essai.

Cette réaction ne se produit que dans les mélanges contenant une grande proportion d'acide sulfurique et doit être attribuée aux produits nitreux qui se forment progressivement, par suite de la présence de ce dernier.

— On peut rechercher les *azotates*, en présence des *azotites*, de la façon suivante :

Dans un tube à essai, on introduit 1^{cc} environ de la solution à examiner; puis on fait écouler doucement sur la paroi, en évitant de mélanger les deux couches de liquide, 1^{cc} d'une solution de 5^{gr} de *paratoluidine* dans 25^{cc} d'acide sulfurique, puis 1^{cc} d'acide sulfurique concentré. Au bout de quelques instants, il se développe à la zone de séparation des deux couches une coloration bleu violacé. Cette coloration est encore nette dans une liqueur renfermant 1/1000e d'acide azotique, mais elle n'est plus sensible avec des solutions très diluées, comme dans le cas d'une eau potable (voir *Analyses des matières alimentaires*).

96. Sulfates. — L'acide sulfurique et les sulfates donnent avec les *sels de baryte* ou l'*eau de baryte* un précipité blanc insoluble dans l'*acide chlorhydrique.* Nous avons vu que dans cet essai, il est indispensable de diluer les liqueurs, sinon on serait exposé à commettre des erreurs dues à l'insolubilité des sels de baryte dans l'acide chlorhydrique concentré, et à prendre pour du sulfate de baryte le sel de baryte précipité par l'acide chlorhydrique. — Bouilli avec une solution d'un *carbonate alcalin*, le sulfate de baryte se transforme en carbonate de baryte et la liqueur filtrée précipite par le chlorure de baryum après sursaturation par l'acide chlorhydrique.

97. Oxalates. — Précipité par les *sels de baryte*, soluble dans l'acide chlorhydrique. Ce précipité se dissout notablement dans les *sels ammoniacaux.* — Les *sels de chaux* donnent avec les oxalates alcalins un précipité d'oxalate de chaux insoluble dans l'*acide acétique* et dans les *sels ammoniacaux.* Ce précipité est très ténu et ne se produit que très lentement dans les liqueurs peu concentrées; en présence d'un acide libre, la réaction pourra être effectuée après neutralisation par un alcali et addition d'acide acétique, ou simplement après addition à la liqueur d'*acétate de soude.* En présence des acides tels que l'acide sulfurique, fluorhydrique, etc., qui peuvent donner des précipités insolubles, non seulement dans l'acide acétique, mais aussi dans les acides minéraux, on ajoutera un excès de chlorure de calcium dans la liqueur acidulée par l'acide chlorhydrique, puis, dans la liqueur séparée par filtration du précipité

formé, de l'acétate de soude. Cette formation d'un précipité insoluble dans l'acide acétique ne permet de caractériser l'acide oxalique qu'en l'absence de l'acide phosphorique, qui peut donner avec le fer et même avec l'alumine un précipité également insoluble dans cet acide. D'autre part, un certain nombre de sels métalliques retardent ou même empêchent complètement la précipitation de l'oxalate de chaux. C'est ainsi, pour nous borner aux métaux qui restent dans la liqueur après le traitement par l'hydrogène sulfuré, que les sels de chaux ne précipitent pas les oxalates en présence d'une quantité pas très considérable de sels ferriques, de sels d'alumine, de zinc, de cobalt, de nickel; cette précipitation est aussi retardée ou rendue incomplète par les sels de chrome, de magnésie et de manganèse. L'influence de ces sels est due probablement à la formation de sels doubles. Lorsque la recherche de l'acide oxalique, faite en l'absence de l'acide phosphorique aura donné un résultat négatif, ou lorsqu'on se trouvera en présence de l'acide phosphorique, on peut rechercher l'acide oxalique en éliminant les métaux et les terres de la manière suivante : la liqueur est additionnée d'un assez grand volume d'une solution de carbonate de soude, puis d'un excès de sulfhydrate d'ammoniaque ou de sulfure de sodium. On fait bouillir dans une capsule de porcelaine la liqueur avec le précipité, jusqu'à ce que le volume ait été fortement réduit par évaporation et l'on filtre. Les métaux et les terres sont ainsi séparés à l'état de carbonates et de sulfures, et l'acide oxalique passe dans la liqueur à l'état d'oxalate alcalin. On ajoute un excès d'acide chlorhydrique et l'on porte à l'ébullition pour agglomérer le soufre. Dans la dernière liqueur filtrée, on cherche l'acide oxalique par le chlorure de calcium et l'acétate de soude, comme plus haut.

Le précipité d'*oxalate de chaux*, chauffé sur une lame de platine, se décompose sans noircir, en produisant du carbonate puis de la chaux alcaline au tournesol. — Chauffé avec de l'*acide sulfurique* dans un tube à essai, l'acide oxalique ou un oxalate se décompose en donnant lieu à un dégagement d'acide carbonique et d'oxyde de carbone, et ce dernier peut être enflammé en donnant une flamme bleue. — Si l'on chauffe de l'acide oxalique ou un oxalate avec un mélange d'acide chlorhydrique et d'acide azotique, étendus d'eau, en présence d'une petite quantité d'un *sel de manganèse*, il se produit une effervescence due à un dégagement d'acide carbonique. S'il y avait des carbonates mélangés aux oxalates, on les décomposerait d'abord par un acide.

98. PHOSPHATES. — Précipité par les *sels de chaux* ou de *baryte*, soluble dans l'*acide chlorhydrique* et dans l'*acide acétique*. — Précipité blanc jaunâtre par le *perchlorure de fer*, insoluble dans l'acide acétique (pouvant être obtenu en présence d'un acide libre par l'addition de l'acétate de soude) ; le phosphate de fer est assez soluble dans les sels de peroxyde de fer; aussi ne doit-on verser qu'une goutte de perchlorure de fer; pour la même raison, on doit, pour rechercher par cette réaction l'acide phosphorique en présence de grandes quantités de peroxyde de fer, commencer par réduire ce dernier. Cette réaction est commune aux phosphates et aux arséniates. — Précipité jaune par le *molybdate d'ammoniaque*; la liqueur qui surnage le précipité est incolore. Ce réactif doit être employé en grand excès; on devra donc, pour obtenir une précipitation nette et complète, en verser plusieurs centimètres cubes sur quelques gouttes seulement de la liqueur dans laquelle on veut rechercher l'acide phosphorique; certaines substances organiques, l'acide tartrique, par exemple, empêchent la précipitation. — Les phosphates additionnés d'un *sel ammoniacal* et d'*ammoniaque* donnent avec les *sels de magnésie* un précipité de phosphate ammoniaco-magnésien, soluble dans les acides minéraux et dans l'acide acétique.

99. SILICATES. — Si l'on évapore à sec les solutions de sili-

cates alcalins additionnées d'un excès d'*acide chlorhydrique*, et si l'on reprend le résidu par l'eau, la silice reste sous la forme d'une poudre insoluble, hydratée ou non, suivant que l'on a porté la température à 100°, ou au-dessus. — Les silicates alcalins en solution donnent avec les *sels de chaux* et *de baryte* un précipité blanc gélatineux, insoluble dans l'acide chlorhydrique faible, soluble en grande partie dans l'acide chlorhydrique concentré. Quand on fait bouillir le précipité de silicate terreux avec une solution concentrée d'un *carbonate alcalin*, la terre passe à l'état de carbonate insoluble et la silice à l'état de silicate alcalin soluble. La liqueur additionnée d'un excès d'*acide chlorhydrique* laisse, après évaporation, un résidu de silice insoluble dans les acides. La *silice* naturelle et les *silicates naturels* donnent de même des silicates alcalins solubles, lorsqu'on les fond avec du *carbonate de potasse* et *de soude* dans un creuset de platine; en reprenant le produit par l'eau, on dissout la silice et les oxydes auxquels elle était combinée se dissolvent en même temps ou restent insolubles, suivant leur nature. — Le procédé le plus sensible pour caractériser la silice est fondé sur la production du *fluorure de silicium* et sur la décomposition de ce dernier par l'eau, avec mise en liberté de *silice hydratée* et l'on peut, en opérant de la manière suivante, déceler très nettement la présence de quantités de silice inférieures à un demi-milligramme.

S'il s'agit d'une solution, on commence par l'acidifier légèrement avec l'acide chlorhydrique, si elle est alcaline, afin de pouvoir l'évaporer sans attaquer les vases et dissoudre de la silice. L'excès d'acide est ensuite neutralisé par un peu de carbonate de chaux, dont il est inutile de séparer l'excès. On neutralise de même la liqueur, si elle est primitivement acide. On ajoute un peu de chlorure de calcium et l'on évapore à sec, en terminant l'évaporation par une légère calcination. Le résidu est repris par l'eau et lavé pour enlever les chlorures. On le dessèche enfin par calcination dans un creuset de platine et on le mélange dans le creuset avec un peu de *fluorure de calcium précipité* (le fluorure naturel, attaqué trop lentement par l'acide sulfurique, donne des résultats beaucoup moins précis). On termine l'essai comme pour la recherche des fluorures (p. 140). La production de l'anneau de silice est d'autant plus nette que la silice est en excès par rapport au fluorure; on peut cependant opérer avec un excès de fluorure, mais à la condition qu'il ne soit pas trop considérable; comme 1 à 2 milligrammes de fluorure de calcium précipité suffisent pour former en présence d'un excès de silice un anneau extrêmement marqué, il sera bon de ne pas trop dépasser cette quantité, dans la recherche de la silice, et même de la diminuer, s'il s'agit de n'en caractériser que des traces.

On peut de même rechercher l'acide silicique dans la silice et dans les silicates naturels. On opérera sur le produit finement pulvérisé et lavé avec de l'eau acidulée, pour enlever les carbonates et les sels solubles tels que les chlorures. La production de l'anneau de silice est plus lente qu'avec le silicate de chaux artificiel, mais se fait nettement cependant, si l'on n'emploie qu'une petite quantité de fluorure de calcium précipité, en présence d'une assez grande quantité du produit essayé. On peut du reste transformer les silicates naturels en silicates alcalins solubles et opérer comme dans le cas précédent.

On doit vérifier avec soin, par un essai à blanc, l'absence de la silice dans le fluorure de calcium employé.

100. Fluorures. — Précipité par les *sels de chaux* et *de baryte*, soluble dans l'acide chlorhydrique concentré, assez soluble dans les *sels ammoniacaux*. — Le sel d'argent est soluble dans l'eau. — Si l'on introduit dans un creuset de platine un fluorure finement pulvérisé, qu'on l'humecte avec de l'*acide sulfurique concentré* et que l'on recouvre le creuset avec une lame de verre, on constate que le verre est corrodé, au bout d'un certain temps, par l'acide fluorhydrique mis en liberté sur

la surface du cercle correspondant à l'ouverture du creuset. Cette attaque du verre est encore nettement manifeste, au bout d'une demi-heure, avec 1 à 2 milligrammes de fluorure de calcium précipité, et, après une heure, avec le même poids de fluorure naturel. Si le fluorure est mélangé avec de la silice ou avec un silicate, il ne se produit pas d'acide fluorhydrique, mais du fluorure de silicium qui ne dépolit pas le verre et n'y laisse une trace de silice hydratée que s'il est humide. — La réaction fondée sur la production du *fluorure de silicium* et sur la décomposition de ce dernier par l'eau, avec mise en liberté de *silice hydratée* est beaucoup plus rapide et plus précise. On peut opérer sur un fluorure insoluble artificiel, après l'avoir débarrassé, s'il y a lieu, par un lavage à l'eau acidulée, des carbonates et des sels solubles tels que les chlorures, et même avec un fluorure naturel, tel que le fluorure de calcium naturel; mais ce dernier est attaqué moins rapidement par l'acide sulfurique et il est préférable de le transformer en silicate alcalin, de reprendre le produit par l'eau, et de reformer le fluorure de calcium, ainsi que nous allons le voir dans le cas d'une dissolution.

Pour rechercher l'acide fluorhydrique dans une dissolution contenant des fluorures, on obtiendra des résultats très précis en opérant ainsi qu'il suit : si la liqueur est acide, on la neutralise par un peu de carbonate de chaux, dont il est inutile d'enlever l'excès. On y ajoute un peu de chlorure de calcium, puis on l'évapore à sec dans une capsule de porcelaine et on calcine. On reprend le résidu par l'eau, on le lave à l'eau acidulée pour enlever l'excès de carbonate de chaux et les chlorures; on le dessèche enfin par calcination dans un petit creuset de porcelaine. La matière est mélangée dans le creuset avec un excès de sable fin, ou mieux de *silice précipitée* sèche ou de *silicate de chaux artificiel;* d'autre part, on fait tomber au milieu d'une petite lame de verre bien sèche une fraction de goutte d'eau, de manière à obtenir un cercle humide aussi petit que possible;

on verse sur le mélange dans le creuset quelques gouttes d'acide sulfurique concentré et l'on retourne la lame de verre sur l'ouverture du creuset. Après quelques secondes, on voit se former un anneau de silice hydraté autour de la goutte d'eau, très opaque et très apparent. On obtient ainsi un résultat très net avec un demi-milligramme de fluorure de calcium artificiel. Après quelque temps, cet anneau devient moins visible, par suite de la dessiccation de la lame de verre, sous l'action de l'acide sulfurique.

101. Borates. — En solution peu étendue, ils donnent avec les *sels de chaux* et *de baryte* un précipité blanc soluble dans l'acide chlorhydrique. Ce précipité se dissout assez facilement par addition d'une quantité suffisante d'eau ; il est très soluble dans les dissolutions des *sels ammoniacaux*. En solution concentrée, ils précipitent par les *acides ;* cependant la solubilité de l'acide borique est assez grande, et une solution de borax saturée à froid n'est pas précipitée par l'acide chlorhydrique. — L'acide borique colore en vert la *flamme de l'alcool*, et ce caractère permet de constater l'existence de très petites quantités de ce corps. Cette coloration, qui se développe surtout par l'agitation, doit être recherchée en l'absence de métaux pouvant communiquer à la flamme une teinte particulière et après addition d'un excès d'acide sulfurique concentré, si l'acide borique est à l'état de borate; on doit aussi, s'il y a de l'acide chlorhydrique, libre ou combiné, l'éliminer par évaporation en versant de l'acide sulfurique sur le résidu et évaporant de nouveau : l'acide chlorhydrique, en effet, pourrait former de l'éther chlorhydrique qui brûle avec une flamme bordée de vert. — Un essai analogue peut être fait par voie sèche, en chauffant la substance qui contient le borate, avec du *fluorure de calcium* et du *bisulfate de potasse*, sur une spirale de platine dans la flamme d'un bec Bunsen. Il se dégage du fluorure de bore qui colore la flamme en vert, mais cette coloration ne dure que

quelques instants. — On peut produire une coloration plus durable par le procédé suivant : la substance est mise dans le fond d'un tube à essai avec du *fluorure de calcium* et de l'*acide sulfurique ;* le tube est muni d'un bouchon à deux trous, dont l'un est traversé par un tube recourbé pénétrant jusque vers la partie inférieure, et par lequel on fait arriver de l'hydrogène purgé d'air ; on enflamme l'hydrogène au bout d'un tube étiré passant par le second trou du bouchon. Le fond du tube à essai étant plongé dans de l'eau tiède, il se dégage du fluorure de bore qui est entraîné par l'hydrogène et qui colore la flamme en vert. — La coloration de la flamme par l'acide borique est beaucoup plus marquée avec l'*alcool méthylique* qu'avec l'alcool éthylique, et la substitution du premier au second permet de caractériser avec précision les traces les plus faibles d'acide borique. — Dans cette recherche, la présence de divers corps (potasse, soude, chaux, etc.), peut masquer plus ou moins la coloration qui correspond à l'acide borique ou même donner un résultat erroné (cuivre). Ces causes d'erreur seront supprimées, si l'on opère ainsi qu'il suit : La liqueur est évaporée et la substance complètement incinérée, si elle contient des matières organiques, on ajoute auparavant un peu de carbonate de soude, si elle ne renferme pas une assez grande quantité de bases fixes, afin qu'il ne puisse se produire des pertes par volatilisation. Le résidu qui ne doit correspondre qu'à une très petite quantité de matière est traité par 1 centimètre cube d'acide sulfurique ; on lave le vase dans lequel on a fait l'incinération ou la calcination avec 3^{cc} d'alcool méthylique ajoutés en deux ou trois fois, en faisant tomber ces portions successives dans un petit ballon, que l'on bouche aussitôt en l'adaptant à un réfrigérant. On chauffe le mélange jusqu'à apparition des vapeurs blanches d'acide sulfurique, et l'on enflamme le liquide distillé, recueilli en évitant une évaporation partielle, après l'avoir transvasé dans une petite soucoupe. La flamme, surtout quand on l'observe en se plaçant devant un fond noir et en évitant une lumière trop intense, est déjà très nettement colorée en vert, principalement au début, par une quantité d'acide borique ne dépassant pas un dixième de milligramme, et même par une quantité inférieure. On doit éviter d'enflammer l'alcool avec un appareil en cuivre, tel qu'un bec Bunsen. — Si l'on plonge dans une solution d'acide borique, ou dans une solution d'un borate faiblement acidulée, une bande de papier de *curcuma*, et qu'on la sèche ensuite à 100°, la portion plongée prend une teinte *rouge* assez caractéristique, qu'il ne faut pas confondre cependant avec la coloration plus ou moins brune que le papier de curcuma peut prendre, après dessiccation, en présence de l'acide chlorhydrique concentré; la coloration due à l'acide borique vire au bleu ou au vert par l'action des alcalis; l'acide chlorhydrique la ramène au rouge.

102. Chlorures, bromures, iodures. — Pas de précipité par l'*azotate de baryte* ou l'*eau de baryte*. — Avec l'*azotate d'argent*, on obtient un précipité insoluble dans l'acide azotique, blanc et très soluble dans l'*ammoniaque* dans le cas des chlorures, blanc jaunâtre et moins soluble dans l'ammoniaque dans le cas des bromures, jaune et très difficilement soluble dans le cas des iodures. Le *zinc* et l'*acide sulfurique* y régénèrent les acides chlorhydrique, bromhydrique, iodhydrique, avec mise en liberté d'argent métallique. — L'acide chlorhydrique étant chauffé avec de l'*acide sulfurique* et du *bichromate de potasse*, il se produit des vapeurs orangées d'acide *chlorochromique*, qui peuvent être distinguées des vapeurs de brome parce que, lorsqu'on les dirige dans l'ammoniaque étendue, celle-ci est colorée en jaune; la réaction peut être faite dans un tube à essai ou dans un petit ballon muni d'un tube recourbé qui plonge dans un autre tube à essai contenant la solution d'ammoniaque. — L'*eau de chlore* déplace le brome dans les bromures, et l'iode dans les iodures. Si l'on agite la

liqueur avec du *sulfure de carbone*, ce dernier s'empare du brome et de l'iode et forme une couche inférieure colorée en brun dans le premier cas, en violet dans le second. Dans cette réaction de l'eau de chlore sur les bromures et les iodures, il ne faut verser, du moins au début, l'eau de chlore que goutte à goutte, en agitant après chaque addition, car un excès de chlore formerait, avec le brome et l'iode d'abord mis en liberté, des chlorures de brome et d'iode incolores, et l'on pourrait ainsi laisser passer inaperçue la mise en liberté du brome et de l'iode.

Recherche de l'acide chlorhydrique en présence des autres hydracides. — La recherche de l'acide chlorhydrique par la production de l'acide chlorochromique présente une assez grande difficulté, lorsqu'on se trouve en présence d'une quantité notable des autres hydracides (bromhydrique et iodhydrique). Cette réaction n'est utilisable que lorsqu'il s'agit de caractériser des doses massives d'acide chlorhydrique. De plus, elle est d'une application assez dangereuse, de violentes explosions pouvant se produire en présence des iodures.

La méthode suivante donne, au contraire, des résultats très nets et présente une grande sensibilité. Elle est fondée sur la différence d'action des halogènes sur une solution acide d'*aniline* et d'*orthotoluidine*.

Avec l'aniline pure en solution acide, on obtient un précipité noir si le chlore est en grande quantité, une teinte brune plus ou moins marquée, s'il n'y en a que des traces. Le brome forme un produit de substitution insoluble, complètement blanc. L'iode ne produit pas de réaction apparente.

Avec l'orthotoluidine pure, on obtient avec le chlore une coloration bleue devenant rouge violet à chaud, ou à froid au bout de quelque temps. Cette réaction est encore très nette avec une quantité de chlore inférieure à un dixième de milligramme. L'iode se comporte de même qu'avec l'aniline. Le brome forme, de même qu'avec cette dernière, un produit de substitution de couleur blanche.

En résumé, une solution acide d'orthotoluidine constitue un réactif extrêmement sensible du chlore, bien plus sensible qu'une solution acide d'aniline. Mais l'emploi de l'orthotoluidine seule présente un inconvénient. Le précipité bromé que l'on obtient avec le brome, ne reste pas absolument blanc, même en l'absence complète du chlore, contrairement à ce qui a lieu lorsque l'on fait usage de l'aniline. Il paraît se décomposer partiellement et se colore d'une manière sensible, surtout à chaud. Il est vrai que la liqueur séparée du précipité par filtration est à peu près incolore ; cependant on peut encore observer une légère teinte. On voit donc que, si la substitution de l'orthotoluidine à l'aniline permet d'obtenir des colorations plus intenses avec une même quantité de chlore, elle peut, d'autre part, laisser quelque indécision dans l'esprit, lorsqu'il s'agit de rechercher des traces de chlore.

On peut facilement remédier à cet inconvénient en employant un réactif contenant à la fois de l'aniline et de l'orthotoluidine. Il ne se forme plus, dans ce cas, si le réactif est en excès, de toluidine bromée, mais de l'aniline bromée, stable et parfaitement blanche, en l'absence du chlore, et l'on n'observe jamais de coloration bleue ou rouge dans la liqueur. Ce mélange, d'autre part, permet de caractériser la présence de petites quantités de chlore, d'une manière aussi précise qu'une solution acide d'orthotoluidine pure, le chlore oxydant cette dernière base avant d'attaquer l'aniline. On obtient donc une coloration bleue ou violette en présence d'une faible proportion de chlore, une coloration ou un précipité noir en présence d'une quantité notable, l'aniline étant elle-même oxydée à son tour.

La sensibilité du réactif dépend de l'acidité de la solution d'aniline. Une solution non acide ne donne pas de résultats ; une solution contenant une grande quantité d'un acide minéral ne se colore pas ou se décolore rapidement par l'échauffement.

Il est préférable d'employer un acide organique, tel que l'acide acétique, avec lequel l'échauffement ne détermine pas la décoloration. La formule suivante donne de très bons résultats :

Solution aqueuse saturée d'aniline incolore	100 cc
Solution aqueuse saturée d'orthotoluidine	20 —
Acide acétique cristallisable.	30 —

Ce réactif peut se conserver, sans se colorer sensiblement, dans des flacons jaunes.

L'essai peut être fait avec une très petite fraction de la liqueur à analyser. Cette liqueur est amenée par évaporation ou addition d'eau à un volume de 10 centimètres cubes, et introduite dans un ballon. On ajoute 5 centimètres cubes d'un mélange à volumes égaux d'acide sulfurique et d'eau, puis 10 centimètres cubes d'une solution saturée de permanganate de potasse et l'on chauffe doucement, en dirigeant les gaz dans 3 à 5 centimètres cubes du réactif, contenus dans un tube à essai plongeant dans l'eau froide. En l'absence du brome et de l'iode, on obtient encore ainsi, avec un dixième de milligramme d'acide chlorhydrique, une coloration bleuâtre qui se transforme, lentement à froid et rapidement à chaud, en une coloration rosée plus manifeste. Quand la dose d'acide chlorhydrique augmente, on obtient, soit une coloration (très intense déjà pour 1 milligramme), soit des précipités noirs. Les phénomènes sont différents quand on se trouve en présence des autres hydracides. Dans les proportions indiquées, l'iode est complètement oxydé et ne passe pas à la distillation ; le brome qui est entraîné forme avec le réactif un précipité, et le chlore dégagé colore le réactif ainsi que le précipité bromé. Mais il se forme, en même temps, du chlorure de brome, lequel n'agit pas comme le chlore, et qui diminue considérablement la sensibilité de la réaction. Cependant, nous avons obtenu encore les résultats suivants :

Avec HI seul.	Pas de réaction.
— HBr seul.	Précipité blanc, liqueur incolore

Avec 0,050 HI + 0,050 HBr + 0,050 HCl. . .	Liqueur bleu très intense, puis violet foncé; précipité noir.
— — + 0,010 HCl . . .	Liqueur et précipité bleus, puis rose intense.
— — + 0,003 HCl . . .	Teinte bleuâtre, puis nettement rosée.
— — + 0,001 HCl . . .	Teinte appréciable (rosée au bout de quelque temps).

La dernière coloration est très faible et l'on n'observe plus rien pour des dilutions plus grandes.

Ainsi qu'on le voit, ces résultats sont suffisants pour déceler la présence de l'acide chlorhydrique, en présence des autres hydracides, même en proportion assez faible. La différence des colorations obtenues permet facilement de distinguer si l'on a affaire à des quantités notables, ou seulement à de faibles proportions d'acide chlorhydrique.

L'application de ce procédé suppose l'absence de l'acide cyanhydrique, qui pourrait masquer, en totalité ou en partie, le chlore mis en liberté par le permanganate, avec production d'acide chlorhydrique et de chlorure de cyanogène. Il sera facile d'éviter cette cause d'erreur en chassant l'acide cyanhydrique par évaporation d'un volume suffisant du liquide essayé, additionné d'acide sulfurique, s'il s'agit d'un cyanure simple, ou, s'il s'agit d'un sel tel que les ferrocyanures, en recueillant la liqueur distillée après addition d'acide sulfurique, jusqu'à ce qu'il commence à se dégager des vapeurs d'acide sulfurique, ajoutant de l'eau dans la cornue après refroidissement, et distillant de nouveau; les liqueurs distillées réunies étant enfin évaporées partiellement.

La présence d'une quantité considérable de sels ammoniacaux, par suite de l'action du chlore sur ces derniers, pourrait aussi masquer la réaction. Mais il sera facile de les éliminer par un traitement préalable.

— Nous avons vu que la sensibilité du procédé est de beaucoup diminuée par la présence du brome.

Il est facile de remédier à ces inconvénients et d'obtenir

la même sensibilité que dans le cas de l'acide chlorhydrique seul.

Recherche des traces de chlore. — Les hydracides étant séparés par le nitrate d'argent, le précipité est lavé, puis entraîné dans un petit flacon dans lequel, après avoir décanté le liquide, on ajoute 10^{cc} d'eau et 1^{cc} d'ammoniaque pure. On agite quelques minutes, s'il s'agit de rechercher des quantités un peu notables d'acide chlorhydrique. Si, au contraire, on se propose d'en rechercher des traces très faibles, on laisse l'ammoniaque en contact avec le précipité, pendant quelques heures. A cette dilution, l'ammoniaque ne dissout pas sensiblement le bromure d'argent, et pas du tout l'iodure. Au contraire, le chlorure d'argent se dissout en quantité très sensible (en totalité même, s'il y a très peu d'acide chlorhydrique), surtout si l'on a soin d'attendre un temps suffisant pour que le bromure, d'abord dissous, soit déplacé par le chlorure.

Il s'agit maintenant de régénérer l'acide chlorhydrique dans la liqueur ammoniacale. Nous avons constaté que le zinc et l'acide sulfurique, employés généralement dans ce but, donnent de mauvais résultats et que de petites quantités de chlore peuvent disparaître pendant la dissolution du zinc, non pas certainement par suite d'un entraînement par l'hydrogène de l'acide chlorhydrique, qui forme, ainsi qu'on le sait, en présence d'une quantité d'eau suffisante, un hydrate très stable, mais, probablement, par suite de l'action des impuretés contenues dans le zinc. L'emploi du magnésium à la place du zinc ne présente pas cet inconvénient; mais la mise en liberté de l'argent est très longue, et généralement incomplète, si l'on ne dissout pas une très grande quantité de magnésium. Il est préférable, après avoir chauffé à l'ébullition la liqueur ammoniacale filtrée, jusqu'à ce que toute odeur ammoniacale ait *complètement* disparu, d'ajouter un excès d'une solution d'acide sulfhydrique. On fait ensuite bouillir, de manière à ramener le volume à 10^{cc} environ, et l'on filtre la liqueur que l'on recueille dans le ballon d'essai. L'opération se termine ainsi que nous l'avons dit précédemment. Il est bon, vu l'extrême sensibilité de la réaction, de ne pas faire usage de bouchons en liège qui peuvent renfermer des traces de chlorures, mais de se servir de ballons soudés au tube abducteur, munis d'un bouchon à l'émeri traversé par un tube de sûreté, de manière à éviter les absorptions (fig. 9). Enfin, l'absence complète de l'acide chlorhydrique dans les réactifs employés (acide sulfurique, permanganate, ammoniaque, hydrogène sulfuré) doit être contrôlée par un essai à blanc.

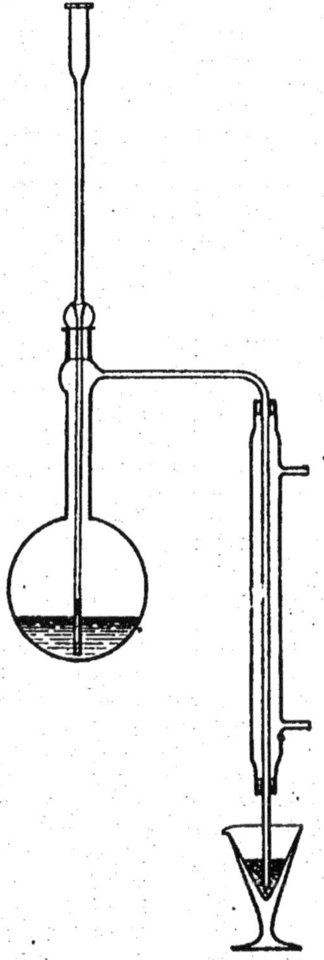

Fig. 9. — Recherche des traces de chlore.

En opérant ainsi, on pourra caractériser les traces les plus faibles de chlorures dans les iodures et les bromures, dans le brome et l'iode (après traitement par l'hydrogène sulfuré), dans les acides bromhydrique et iodhydrique, etc. Pour obtenir une solution d'acide bromhydrique ne donnant aucun indice de la présence d'acide chlorhydrique, nous avons dû saponifier par l'eau un éther bromhydrique soigneusement rectifié.

La différence des colorations obtenues permet encore de voir si l'acide chlorhydrique existe en quantité sensible ou s'il n'y en a que des traces.

On aura soin encore d'éliminer, s'il y a lieu, comme nous l'avons dit plus haut, l'acide cyanhydrique dont la présence présenterait, outre l'inconvénient déjà signalé, celui de donner un cyanure d'argent plus soluble dans l'ammoniaque que le chlorure. Si le mélange primitif renferme des sels ammoniacaux, il sera inutile de les détruire, comme on doit le faire dans la recherche directe.

Recherche de l'acide bromhydrique. — La recherche qualitative de l'acide bromhydrique en présence de l'acide iodhydrique peut se faire assez facilement, lorsque la proportion du premier est assez grande, en employant le procédé fondé sur l'action du chlore sur ces deux hydracides, en présence du sulfure de carbone qui se colore successivement en violet, puis en brun, par suite de la dissolution dans ce liquide de l'iode et du brome mis en liberté, l'eau de chlore étant ajoutée goutte à goutte, avec précaution, en agitant fortement après chaque addition, de manière à éviter l'action d'un excès de chlore sur l'iode et sur le brome, avec production de composés incolores.

Mais ce procédé ne donne plus que de mauvais résultats, lorsque la proportion du brome par rapport à l'iode diminue au-dessous d'une certaine limite.

En l'absence du brome, la coloration violette qui se produit avec les traces les plus faibles d'iode, devient de plus en plus intense, jusqu'à ce que la totalité de l'iode soit mise en liberté ; puis, elle s'éclaircit et repasse exactement par les teintes primitives, en restant toujours nettement violette. Il n'en est pas ainsi en présence du brome. La mise en liberté des premières portions d'iode donne encore une coloration franchement violette ; mais, dans la seconde partie de l'opération et lorsqu'il reste encore de l'acide iodhydrique ou des iodures en présence de l'acide bromhydrique ou des bromures, une partie du brome est mise en liberté en même temps que de l'iode. Quand on agite le tout, le brome ne déplace pas l'iode de l'acide iodhydrique restant, du moins d'une manière nette et complète, et l'on ne repasse pas par les teintes violettes observées au début et de plus en plus atténuées, mais une partie du brome se combine avec l'iode déjà mis en liberté, en formant un bromure d'iode brun, doué d'une assez grande stabilité, de sorte que la coloration violette ne disparaît pas nettement pour être ensuite remplacée par la coloration brune due à la dissolution ultérieure du brome dans le sulfure de carbone; mais elle passe progressivement du violet au brun violet, puis au brun. C'est pourquoi plusieurs auteurs, après avoir cru pouvoir se fonder sur l'action du chlore sur les hydracides, pour doser l'iode en présence du brome, d'après le volume d'eau de chlore nécessaire pour faire disparaître la coloration violette caractéristique de l'iode, ont fini par renoncer à ce procédé ou ne l'ont donné que comme approximatif. On n'obtient, en effet, que des résultats inexacts.

La même raison s'oppose à l'emploi de cette méthode, même au point de vue qualitatif, lorsqu'il s'agit de la recherche de petites quantités de brome, en présence de proportions assez grandes d'iode. La coloration brune que l'on peut obtenir après la coloration violette et qui permet de caractériser d'une manière suffisante le brome, lorsque ce dernier est en proportion considérable, ne peut plus être constatée nettement, lorsque le poids du brome est inférieur au vingtième de celui de l'iode en présence.

En l'absence de l'iode, la coloration jaune du sulfure de carbone est déjà très nette avec un milligramme de brome. Il est facile d'obtenir la même coloration avec un mélange d'iodure et de bromure contenant un milligramme de brome, en présence d'une quantité quelconque d'iodure. Il suffit d'éliminer complètement l'iode, au préalable.

Nous avons, dans ce but, essayé l'action des divers réactifs déjà proposés. L'acide azotique, l'acide azoteux, ne nous ont donné que des résultats peu exacts. L'emploi de ces réactifs détermine une coloration jaune du sulfure de carbone, par suite de la dissolution de produits nitreux qu'il est nécessaire de faire disparaître ensuite par un traitement ultérieur. En outre, nous n'avons pu retrouver, par ce procédé, de petites quantités de brome. Le perchlorure de fer, au contraire, nous a donné des résultats d'une précision parfaite.

La liqueur à essayer, qui doit être exempte d'acide nitrique, est additionnée d'un excès de perchlorure de fer exempt de chlore (ne colorant pas le sulfure de carbone en présence des bromures alcalins). Les proportions à employer dépendent de la richesse présumée de la liqueur en iodure : par exemple, pour $0^{gr},1$ d'iode, environ 5^{cc} d'une solution demi-normale de perchlorure de fer. L'iode se sépare et cristallise rapidement, s'il existe en proportion notable. Le mélange est évaporé à sec et chauffé encore, pendant une heure ou deux, au bain-marie. Dans ces conditions, l'iode est complètement séparé et volatilisé, l'acide bromhydrique n'est pas attaqué. Il suffit de reprendre par quelques gouttes d'eau, de précipiter les sels de fer par un alcali, de sursaturer par l'acide chlorhydrique la liqueur filtrée, et d'ajouter goutte à goutte l'eau de chlore, en agitant, dans cette dernière contenue dans un tube à essai, avec du sulfure de carbone. La liqueur se colore immédiatement en jaune, et la réaction est indépendante de la proportion d'iode contenue dans la liqueur primitive.

Vu la simplicité de ce procédé, il est avantageux de l'employer, même lorsque l'acide bromhydrique existe en quantités assez notables, et non pas seulement lorsqu'il n'y en a que des traces. Il permet, en effet, de caractériser le brome bien plus nettement que lorsqu'on n'élimine pas l'iode. Pour un essai rapide, on pourra faire l'évaporation à sec, avec précaution, de manière à ne pas décomposer le chlorure de fer ; mais il est plus sûr d'évaporer au bain-marie.

Dans le cas général d'une analyse, on opérera sur le précipité d'argent, formé après élimination préalable de l'acide cyanhydrique, s'il y a lieu, ainsi que nous l'avons dit à propos de la recherche du chlore. Ce précipité sera traité par l'hydrogène sulfuré, et la liqueur, débarrassée de l'excès de gaz sulfhydrique par l'ébullition, sera soumise au traitement précédent.

La recherche du brome libre en présence de l'iode pourra être faite de même, en transformant les halogènes en hydracides, par l'hydrogène sulfuré en présence de l'eau.

Ce procédé permet de caractériser des proportions extrêmement faibles de brome, et même de les évaluer colorimétriquement, d'une manière plus exacte que les méthodes quantitatives par pesée.

103. Chlorates et perchlorates. — Les solutions de ces sels ne sont précipitées ni par l'*azotate de baryte*, ni par l'*azotate d'argent*. — Evaporées, après neutralisation préalable si elles sont acides, et calcinées au rouge, puis reprises par l'eau, et acidulées par l'acide azotique, elles sont précipitées par l'*azotate d'argent*, par suite de la transformation en chlorures. — Les chlorates se distinguent des perchlorates parce que leurs solutions sont jaunies par l'acide sulfurique concentré.

104. Arsénites et arséniates. — En présence de ces sels, on aura déjà trouvé de l'*arsenic* dans la recherche des métaux. On distinguera l'*acide arsénieux* et l'*acide arsénique* par leurs réactions (42, p. 56) soit sur la liqueur primitive, soit après élimination des métaux précipitables par le carbonate de soude.

105. Chromates, manganates et permanganates. — Ces acides donnent du *sesquioxyde de chrome* et du *sulfure de manganèse*, les premiers par l'action de l'*ammoniaque*, les seconds par l'action de l'*ammoniaque* et du *sulfhydrate d'ammoniaque*, dans la liqueur acide traitée par l'hydrogène sulfuré. On aura donc déjà trouvé du chrome et du manganèse dans la recherche des métaux, et la couleur de la liqueur primitive aura donné une indication de la présence de ces acides. Ils passeront dans la liqueur après élimination des métaux précipitables par le carbonate de soude. L'acide chromique sera ainsi séparé du chrome qui peut être contenu à l'état d'oxyde basique et qui, du moins en l'absence des substances organiques, restera dans le précipité produit par le carbonate de soude (*voir* les caractères de ces acides, 50 et 54, p. 65 et 79).

105. Sels formés par les oxydes indifférents. — Ces sels pourront exister dans le mélange primitif, lorsque l'on aura trouvé dans la recherche des métaux de l'étain au maximum, de l'antimoine, de l'alumine, du zinc (*stannates*, *antimonites*, *antimoniates*, *aluminates*, *zincates*). Nous en avons parlé précédemment, p. 122 (*voir* les caractères des métaux : 41, 43, 49, 53).

107. Tartrates. — L'acide tartrique libre est précipité par un excès d'*eau de baryte* ou d'*eau de chaux*. Le précipité se dissout dans l'acide acétique ou dans un excès d'acide tartrique. Les tartrates de baryte et de chaux sont assez peu solubles dans l'eau pure et la précipitation peut être produite dans des solutions assez diluées; mais il n'en est pas de même en présence des sels alcalins, des sels ammoniacaux et des sels métalliques, qui le dissolvent facilement et empêchent sa précipitation dans les liqueurs un peu diluées. Les solutions des tartrates donnent également avec les *sels de baryte* et *de chaux* du tartrate de baryte et de chaux, mais la précipitation n'a plus lieu avec les liqueurs diluées que précipitent encore l'eau de baryte et l'eau de chaux avec l'acide tartrique libre, ce qui tient à l'influence du sel résultant de la double décomposition. S'il y a, en outre, en dissolution des sels étrangers à la réaction, la précipitation n'a plus lieu que dans des liqueurs relativement concentrées. Le tartrate de chaux est moins soluble à froid qu'à chaud (*voir* 108, p. 159).

Si l'on agite à froid une solution d'acide tartrique avec un *grand excès de chaux* éteinte, une partie de l'acide tartrique reste en solution sous la forme de tartrates basiques solubles. La liqueur filtrée se trouble par l'action de la chaleur et l'acide tartrique se sépare, à l'ébullition, sous la forme d'un tartrate basique de formule $2C^4H^4CaO^6 + CaO + H^2O$. Ce précipité peut être ainsi obtenu à chaud dans des liqueurs contenant une proportion de sels étrangers assez grande pour empêcher la formation à froid du tartrate de chaux ordinaire par l'action de l'eau de chaux sur l'acide tartrique ou des sels de chaux sur les tartrates.

L'acide tartrique libre ne précipite pas par l'*azotate de plomb*, mais seulement après addition d'un acétate alcalin. Les tartrates donnent de suite un précipité. Le *tartrate de plomb* est insoluble dans l'*acide acétique*. La précipitation du tartrate de plomb peut être obtenue dans des liqueurs diluées où les sels de baryte et de chaux ne donnent plus aucun précipité; cependant elle est complètement empêchée par la présence de proportions peu considérables de sels métalliques, alcalins et ammoniacaux qui redissolvent même le précipité une fois formé.

Une solution d'acide tartrique libre additionnée d'une solution concentrée de *chlorure*, ou mieux de *bromure de potassium*, sel plus soluble que le premier, donne, si elle n'est pas trop étendue, ou après concentration, un précipité de *crème de tartre* surtout après agitation. L'alcool facilite la précipitation; mais on ne doit en ajouter que si l'on est certain qu'il ne puisse précipiter d'autres sels que la crème de tartre, pouvant être confondus avec cette dernière. On emploie souvent l'acétate de potasse pour précipiter l'acide tartrique; bien que ce sel présente l'avantage de ne pas mettre en liberté d'acide minéral pendant la précipitation, il est préférable cependant d'employer le chlorure ou le bromure, à cause de la solubilité assez grande de la crème de tartre dans un excès d'acétate, qui peut même redissoudre complètement le précipité. La production de la crème de tartre est empêchée par la présence d'une quantité considérable d'un grand nombre de sels alcalins, ammoniacaux, terreux et métalliques. La crème de tartre ne peut être obtenue en présence d'une quantité notable d'acides minéraux; en présence de ces derniers, on pourra la produire après les avoir neutralisés, au préalable, tout en laissant l'acide tartrique en liberté, résultat qu'on obtiendra en versant goutte à goutte de l'eau de baryte dans la liqueur additionnée d'*orangé n° 3*, jusqu'à ce que cette addition détermine dans le liquide coloré en rouge la production de taches jaunes disparaissant par l'agitation; mais on doit laisser une réaction acide par rapport à l'orangé, et la liqueur, après agitation, doit conserver une couleur nettement rouge. Si la liqueur était très acide, on commencerait la neutralisation partielle avec du *carbonate de baryte*. On filtre, s'il y a lieu, on concentre ensuite par évaporation. On obtient ainsi d'excellents résultats si l'acide minéral libre contenu primitivement dans la liqueur est un acide tel que l'acide sulfurique, qui s'élimine ainsi à l'état de sulfate de baryte insoluble; mais s'il s'agit d'un acide tel que l'acide chlorhydrique, et si la proportion en est considérable, le sel terreux formé pendant la neutralisation partielle diminue la sensibilité de la réaction, et peut même empêcher complètement la précipitation de la crème de tartre; cependant la baryte, même dans ce cas, convient mieux que les alcalis pour opérer cette neutralisation. On peut aussi, dans la liqueur qui contient des acides minéraux libres, ajouter de l'acétate de soude jusqu'à ce que la coloration rouge de l'orangé vire au jaune; mais ce procédé est moins précis que le précédent, et ne peut donner de résultat que si la proportion des acides minéraux par rapport à l'acide tartrique n'est pas très grande. On devra éviter d'ajouter un excès d'acétate alcalin. En présence de l'*acide borique*, il ne se forme pas de crème de tartre, par suite de la production d'un composé très soluble d'acide borique, d'acide tartrique et de potasse. Dans ce cas, on remplacera le chlorure ou le bromure de potassium par du *fluorure*, ou bien, on séparera d'abord l'acide tartrique par précipitation à l'état de sel de plomb, ou mieux par précipitation à chaud à l'état de tartrate basique de chaux (p. 178); après avoir mis l'acide tartrique en liberté par l'acide sulfurique, on ajoutera le bromure de potassium, dans la liqueur filtrée, neutralisée partiellement et concentrée.

S'il s'agit de caractériser de très petites quantités d'acide tartrique par la production de crème de tartre, le procédé suivant nous paraît être le plus précis :

On acidifie la liqueur par l'*acide sulfurique*, si elle est neutre ou alcaline (s'il se forme un précipité on le sépare par filtration). Si la liqueur est très acide, on la ramène à un léger état d'acidité par l'*eau de baryte* ou par du *carbonate de baryte*, ainsi qu'il est dit plus haut. On ajoute de l'*acétate de soude*, jusqu'à virage au jaune de l'orangé, en évitant d'en mettre un excès, puis sans séparer le précipité qui a pu se former par l'addition de l'acétate alcalin, un assez grand excès d'une solution de *bromure de potassium*. On évapore le tout jusqu'à réduction à un très petit volume que l'on introduit dans une fiole conique. On ajoute plusieurs volumes d'*alcool*, on bouche, on agite et on laisse en contact pendant quelque temps. On sépare la liqueur alcoolique par filtration; on lave avec quelques gouttes d'alcool les sels restant dans la fiole et entraînés sur le filtre; on introduit le filtre dans la fiole conique, on triture le mélange des sels précipités par l'alcool, avec quelques centimètres cubes d'une solution de *chlorhydrate d'ammoniaque*, et l'on alcalinise légèrement avec de l'*ammoniaque*. Le sel ammoniacal a pour but de rendre soluble dans l'alcool le tartrate neutre de potasse, et aussi de retenir l'acide tartrique en dissolution dans la liqueur alcaline si l'on se trouve en présence d'acides formant avec l'acide tartrique des sels insolubles. On verse enfin de nouveau dans la fiole conique plusieurs volumes d'alcool, on bouche, on agite et après quelque temps, on sépare la liqueur par filtration et on y ajoute un excès d'*acide acétique*. La crème de tartre se précipite. On peut, pour achever de caractériser l'acide tartrique, la séparer par un filtre qu'on laisse égoutter, puis sécher à l'air ; on découpe le sommet du filtre, on le triture avec deux ou trois gouttes d'eau et l'on essaye la réaction suivante.

L'acide tartrique, chauffé avec de l'*acide sulfurique* et une trace de *résorcine*, donne une coloration violette (Mœhler). On introduit dans un tube 2 ou 3^{cc} d'acide sulfurique, 3 ou 4 gouttes d'une solution de 2^{gr} de résorcine pure dans 100^{cc} d'eau additionnés d'un demi-centimètre cube d'acide sulfurique et une goutte de la solution à examiner. On chauffe vers 130 à 140 degrés. On obtient d'abord une coloration rose, puis violette, plus ou moins foncée. On doit éviter de chauffer trop fort, car toute substance organique telle que l'acide citrique, l'alcool, la glycérine, le sucre, noircirait après avoir passé par une teinte rouge brun pouvant donner lieu à une erreur. L'essai doit être fait avec seulement une goutte ou deux de liqueur, afin de ne pas diluer l'acide sulfurique; de plus, l'introduction d'une quantité notable de divers corps tels que l'alcool, l'acide acétique, etc., pourrait empêcher la réaction de l'acide tartrique de se produire; mais si l'on opère dans les conditions indiquées plus haut, la coloration violette peut être nettement obtenue, même en présence de ces corps. La présence des *chlorures* n'empêche pas la réaction, mais elle ne se produit pas en présence de l'*acide nitrique* ou des *nitrates* qui, du reste, donnent avec le réactif une coloration jaune ou rouge; pour cette raison le réactif doit être préparé avec de l'acide sulfurique complètement exempt d'acide nitrique. L'*acide oxalique* donne une coloration verte qui, si la proportion est assez considérable, peut masquer la coloration due à l'acide tartrique. La réaction n'est pas empêchée par la présence de sels des métaux qui restent dans la liqueur après le traitement par l'hydrogène sulfuré, à l'exception des *sels ferriques* qui donnent une coloration verte, puis violet *noir*.

L'acide tartrique, soumis à la *calcination*, se carbonise en répandant une odeur de pain brûlé caractéristique. — Ses solutions, du moins dans le cas de l'acide tartrique ordinaire, ont un *pouvoir rotatoire* à droite. — *Voir* pour la recherche de l'acide tartrique p. 127 et 170.

108. Citrates. — L'*eau de chaux* ne précipite pas à froid les dissolutions d'acide citrique, mais si l'on chauffe le mélange, du *citrate de chaux* tricalcique, moins soluble qu'à froid, se sépare à l'état anhydre ou hydraté, et l'on observe un trouble très marqué, même pour de très petites quantités d'acide citrique. Il est bon de faire cet essai dans un tube presque plein, et de ne chauffer que la partie supérieure du liquide. Il faut opérer avec un excès d'eau de chaux, car le précipité se redissout très facilement sous l'action d'un excès d'acide citrique; on doit donc vérifier, avant de chauffer, que le mélange a une action nettement alcaline au papier de tournesol. Cependant il ne faut pas oublier que la chaux est moins soluble à chaud qu'à froid: de l'eau de chaux, qui n'aurait pas été partiellement saturée, donnerait à l'ébullition un léger dépôt, généralement adhérent sur les parois et qui pourrait causer une erreur.

Les citrates alcalins donnent la même réaction; même dans ce cas, l'essai doit encore être fait avec un excès d'eau de chaux, car un excès de citrate, même de citrate neutre, redissout le précipité, comme le fait l'acide citrique. On peut aussi faire cet essai en ajoutant à l'acide citrique du *chlorure de calcium* et de l'*ammoniaque*. Il ne se produit pas de trouble à froid, mais si l'on porte la liqueur à l'ébullition, le citrate de chaux se sépare sous forme de flocons cristallins.

Cette production d'un précipité à chaud par l'un ou l'autre procédé n'est nullement caractéristique. L'*acide tartrique* la produit également : si l'on verse une solution étendue d'acide tartrique dans de l'eau de chaux, ou si l'on y ajoute du chlorure de calcium et de l'ammoniaque, il se forme à froid un précipité; mais si l'on filtre et si l'on porte à l'ébullition les liqueurs limpides, on obtient encore une précipitation, ainsi que cela a lieu, à chaud, avec l'acide citrique. On ne peut donc rechercher ainsi l'acide citrique en présence de l'acide tartrique. Ce dernier pourra même se comporter exactement comme le premier, si la dilution est assez grande, et ne pas déterminer de précipité à froid, tout en en produisant un à chaud. La seule différence, à ce point de vue, entre les deux acides consiste donc en une solubilité à froid plus grande pour le citrate de chaux que pour le tartrate, de même que l'eau de baryte précipite les solutions d'acide tartrique à une dilution à laquelle elle ne trouble plus l'acide citrique. Cette réaction qui ne pourra tout au plus être utilisée pour la recherche de l'acide citrique, qu'après qu'on aura constaté l'absence de l'acide tartrique, est empêchée par les acides minéraux. On pourra les neutraliser, ainsi qu'il a été dit pour la recherche de l'acide tartrique; on ajoutera ensuite de l'eau de chaux, en vérifiant, avec le papier de tournesol, qu'on en a versé un excès, filtrant s'il s'est formé un précipité et chauffant dans un tube à essai.

Dans les dissolutions, concentrées s'il y a lieu, de l'acide citrique ou des citrates, l'eau de *baryte* en excès, ou l'*acétate de baryte* donne un précipité amorphe qui se change ensuite en petites aiguilles, en se déshydratant partiellement. Si l'on chauffe le sel amorphe ou le sel cristallisé en aiguilles au bain-marie, pendant deux heures, avec un excès d'acétate de baryte, le précipité continue à se déshydrater et se transforme en prismes clinorhombiques très nets et dont l'examen microscopique permet, d'après Kœmmerer, de caractériser très nettement l'acide citrique. — Les *sels de chaux*, *de baryte*, *de plomb*, précipitent les citrates dans les mêmes conditions que les tartrates; les précipités sont assez solubles dans les sels étrangers; l'*eau de baryte* ne précipite pas les solutions d'acide citrique très diluées, même en l'absence de sels étrangers. — L'acide citrique n'a pas de *pouvoir rotatoire*.

L'oxydation ménagée de l'acide citrique par le *permanganate de potasse* donne de l'*acide acétone dicarbonique* et de l'*acide oxalique*. La production du premier composé peut être manifestée par plusieurs réactions, action du brome, donnant un dérivé bromé blanc insoluble, du perchlorure de fer (coloration violet rouge), du nitro-prussiate et de la soude (coloration rouge) etc., qui constituent le principe de procédés de recherche décrits par divers auteurs; mais l'action du permanganate peut donner des produits fort différents et les résultats obtenus sont incertains. En oxydant, au contraire, l'acide citrique par le permanganate en présence d'une solution acide de *sulfate mercurique*, M. Denigès (*Bull. de la Soc. de Pharm. de Bordeaux*, 1898 et 1899), a donné un procédé d'une très grande précision, le sulfate mercurique formant avec l'acide acétone dicarbonique un composé blanc insoluble $SO^4Hg. 2HgO. 2 (C^5H^4O^5Hg)$, dont la production sert en même temps à caractériser l'acide citrique. On chauffe dans un tube 5^{cc} de la solution diluée dans laquelle on cherche l'acide citrique, avec 1^{cc} de sulfate mercurique préparé en dissolvant 5^{gr} d'oxyde mercurique (jaune ou rouge) avec 20^{cc} d'acide sulfurique concentré et 100^{cc} d'eau; on porte à l'ébullition, puis retirant du feu, on ajoute, goutte à goutte, une solution de permanganate à 2 p. 100. Une goutte suffit, s'il n'y a que des traces d'acide citrique; dans un essai ordinaire, on en verse 5 à 6. Le mélange se décolore et aussitôt après, ou après un temps plus ou moins long, suivant la proportion d'acide citrique, mais toujours brusquement, il se forme, soit un précipité floconneux, soit un trouble blanc encore manifeste avec une dose d'acide citrique inférieure à un demi-milligramme dans la prise d'essai.

Le procédé est applicable en présence des acides *tartrique*, *acétique*, *malique*, *succinique*, *lactique*, etc., de la *glycérine*, des *gommes*, du *glucose*, du *sucre de canne*, du *sucre de lait*, qui sont seulement plus ou moins oxydés par le permanganate, dont il faut, en leur présence, augmenter la dose. Si l'on a ajouté un peu trop de ce dernier, et qu'il reste une teinte brune due à la production d'oxyde salin de manganèse, on la fera disparaître en ajoutant dans la liqueur chaude une goutte d'une solution d'acide tartrique; on observera ainsi un trouble ou un précipité blanc, ou l'on aura une liqueur incolore et limpide, suivant que la solution examinée renferme ou non de l'acide citrique. — En présence d'acides pouvant précipiter le sulfate mercurique, tels que l'*acide oxalique*, il suffira d'ajouter un peu plus de ce réactif, et de filtrer après ébullition avant de faire bouillir de à nouveau et d'ajouter le permanganate. — Des quantités trop considérables d'*acide sulfurique* empêchent la réaction. Il suffit, dans ce cas, de saturer partiellement la liqueur, au préalable, avec du carbonate de soude. — La réaction ne se produit pas en présence des *chlorures*, *bromures*, *iodures* ou des acides correspondants, dès que la proportion de ces corps devient un peu notable; on les éliminera par agitation avec du sulfate d'argent. Il en est de même si la liqueur contient une grande quantité d'*acide nitrique* ou de *nitrates*. On s'en débarrassera ainsi qu'il sera dit plus loin p. 179) à propos de la recherche des acides tartrique et citrique dans les mélanges. Si l'on a à procéder à cette élimination des nitrates, on éliminera en même temps les chlorures, bromures et iodures de la même manière; mais même dans ce cas, il sera préférable de précipiter par le sulfate d'argent les petites quantités de ces sels qui pourront rester après le traitement, par suite d'un lavage incomplet. — Les *sels ferriques* (en l'absence du chlorure) n'empêchent pas la réaction. — Les *sels de chrome*, de *nickel*, de *cobalt* l'empêchent au contraire complètement. — Le procédé n'est pas applicable non plus en présence des *sels de manganèse* qui donnent avec le réactif et sans addition de permanganate un précipité blanc avec l'acide citrique, et aussi, si la concentration est assez grande avec l'acide tartrique et d'autres corps. — Les sels des autres métaux pouvant rester dans la liqueur après le traitement par l'hydrogène sulfuré sont sans influence sur la réaction, sauf les *sels ammoniacaux*, mais seulement lorsque ces derniers sont en très grande proportion. — *Voir* pour la recherche de l'acide citrique p. 127 et 179.

CHAPITRE XVI

DÉTERMINATION DE L'ACIDE D'UN SEL SIMPLE INSOLUBLE DANS L'EAU ET SOLUBLE DANS LES ACIDES

109. De même que dans le cas d'un sel soluble, la nature du métal déjà trouvé donnera une première indication, et on n'aura à rechercher que les acides pouvant former un sel insoluble avec ce métal.

Un essai préliminaire montrera si le sel se carbonise par l'action de la chaleur, et s'il y a lieu ou non de rechercher les acides organiques.

On fera la dissolution du sel dans un acide, en examinant avec soin les produits qui peuvent être dégagés pendant cette dissolution. Il ne faut pas perdre de vue, en effet, que, dans la dissolution d'un sel tel qu'un carbonate, un sulfure, etc., l'acide serait éliminé par le fait même de la dissolution, et ne pourrait plus être retrouvé dans la suite. On notera donc les produits gazeux qui peuvent être dégagés (acide carbonique, hydrogène sulfuré, acide sulfureux, chlore, acide cyanhydrique), les produits insolubles qui peuvent se former (soufre, silice, acide borique).

— On distinguera du reste les *carbonates*, les *sulfures*, les *hyposulfites*, les *sulfites*, les *cyanures*, *ferro* et *ferricyanures*, *acétates*, *azotates*, comme dans le cas d'un sel soluble, par une recherche directe faite sur le sel lui-même.

— Dans la solution chlorhydrique ou nitrique, et après dilution suffisante, on recherchera l'*acide sulfurique* par les *sels de baryte;* l'*acide phosphorique* par le *molybdate d'ammoniaque* (on suppose qu'il n'y a qu'un seul acide et qu'on n'a pas trouvé d'arsenic dans la recherche des métaux) ; l'*acide oxalique* par un *sel de chaux* et l'*acétate de soude* (si l'on a un résultat négatif, on fera un nouvel essai, après élimination de la base du sel par le *carbonate de soude* et le *sulfhydrate d'ammoniaque*, ainsi qu'il a été dit p. 135) ; on mettra une petite quantité du corps solide dans un creuset de porcelaine ou dans un creuset de platine, et l'on cherchera si l'*acide sulfurique* donne du *fluorure de silicium* avec de la *silice* ou un *silicate* (*acide fluorhydrique*), ou avec du *fluorure de calcium précipité* (*acide silicique*, ou si ces deux réactions se produisent en même temps (*acide hydrofluosilicique*) (p. 138 et 140) ; une autre portion du corps solide sera introduite dans une capsule, on ajoutera un peu d'*acide sulfurique* et de l'*alcool méthylique* et l'on caractérisera l'*acide borique* par la coloration verte de la flamme (si le sel contient du cuivre, on l'éliminera, au préalable, par l'hydrogène sulfuré dans la solution acide, et l'on opérera la recherche sur le produit de l'évaporation de la liqueur, en chassant complètement l'acide chlorhydrique, si on a dissous le sel dans cet acide).

— On cherchera les acides *chlorhydrique*, *bromhydrique* et *iodhydrique*, comme dans le cas d'un sel soluble, dans la solution nitrique (les *chlorates* et *perchlorates* sont solubles).

— Les acides *arsénieux* et *arsénique*, auront été caractérisés dans la recherche des métaux. Dans le cas d'un *chromate*, on aura trouvé du *sesquioxyde de chrome*, après l'action de l'hydrogène sulfuré dans la recherche des métaux ; on reconnaîtra que le chrome est à l'état d'acide chromique, et non de sesquioxyde, dans le sel primitif, à la coloration jaune ou orangée de ce sel ou de sa solution, ou par la fusion avec un *carbonate alcalin*, qui donne un chromate alcalin soluble. Dans le cas des *manganates* et *permanganates*, on aura obtenu du *sulfure de manga-*

nèse, par l'action du sulfhydrate d'ammoniaque sur la liqueur filtrée séparée du précipité sulfhydrique et du précipité ammoniacal ; les manganates et les permanganates donneront du chlore par l'action de l'acide chlorhydrique ; les autres acides les dissoudront en donnant de l'acide permanganique et une solution colorée en rouge. On distinguera ces deux acides l'un de l'autre par la couleur du sel. Du reste les manganates et permanganates insolubles sont peu nombreux.

Enfin, si le sel se carbonise par la calcination, on recherchera les acides *tartrique* et *citrique*, ainsi qu'il a été dit page 127.

Remarque. — Parmi les sels insolubles dans l'eau et solubles dans les acides, on peut ranger un certain nombre de combinaisons formées par les oxydes indifférents avec les oxydes basiques (*stannates*, *antimonites*, *antimoniates*, etc.), généralement solubles dans l'eau, quand la base est un alcali, insolubles dans le cas contraire. La recherche des métaux aura déjà indiqué la nature de ces combinaisons (p. 51).

CHAPITRE XVII

DÉTERMINATION DE L'ACIDE D'UN SEL SIMPLE INSOLUBLE DANS L'EAU ET DANS LES ACIDES

110. Nous avons vu (p. 89) comment la fusion de ces sels avec les *carbonates alcalins*, dans un creuset de porcelaine ou de platine, suivant que les sels noircissent ou non par le sulfhydrate d'ammoniaque, ou l'ébullition avec une solution des carbonates alcalins donnait lieu à une double décomposition, les acides se combinant avec les alcalis et se trouvant en solution dans la liqueur filtrée séparée du résidu. On les y recherchera par les procédés ordinaires.

Les principaux de ces acides sont, ainsi que nous l'avons vu, les *hydracides* (dans le cas des sels d'argent) l'*acide sulfurique*, l'*acide fluorhydrique:* Il faut y joindre l'*alumine* (ainsi que les autres *oxydes indifférents*) qui, surtout dans les produits naturels, forme avec les oxydes basiques un grand nombre d'aluminates insolubles dans l'eau et dans les acides. L'alumine passera à l'état d'aluminate alcalin et pourra être précipitée par addition successive d'un acide et de l'ammoniaque, ou par du chlorhydrate d'ammoniaque. La mise en liberté simultanée d'un oxyde basique, soluble dans l'eau ou insoluble dans l'eau mais soluble dans les acides, indiquera la nature du composé.

Dans le cas des *chlorure*, *bromure* et *iodure d'argent* que l'on caractérisera par leur fusibilité et par l'action du sulfhydrate d'ammoniaque qui les colore en noir, il sera plus simple de mettre les hydracides en liberté par l'action du *zinc* et de l'*acide sulfurique étendu*.

CHAPITRE XVIII

RECHERCHE DES ACIDES DANS UN MÉLANGE DE SELS DISSOUS

111. De même que dans la recherche des métaux, nous supposerons un mélange de sels dissous, neutre, acide ou alcalin, sans distinguer si le mélange primitif était soluble dans l'eau ou insoluble dans l'eau et soluble dans les acides. Si l'on effectue soi-même la dissolution dans les acides des sels insolubles, on examinera encore avec soin les produits qui peuvent résulter de cette dissolution, comme il a été dit page 164.

112. Nous suivrons une marche analogue à celle relative à un sel simple. On recherchera d'abord, d'après le tableau suivant, un premier groupe d'acides volatils à froid ou à chaud, y compris l'acide hyposulfureux.

Ainsi que nous l'avons dit dans le cas d'un sel isolé, la recherche des acides *sulfureux*, *hyposulfureux*, *cyanhydrique*, *formique*, *acétique* et *azotique* peut être faite sur la liqueur primitive et sans distillation, si la recherche des bases n'a indiqué que la présence des terres ou des alcalis. Dans ce cas, si la liqueur était acide, on neutraliserait par du carbonate de chaux ou de baryte la portion du mélange destinée à la recherche des acides acétique et formique. Si elle était alcaline, on saturerait cette portion par l'acide chlorhydrique, puis, par le carbonate terreux, l'excès de ce dernier. Cependant si l'on trouve des *cyanures* on devra éliminer l'acide cyanhydrique par distillation pour pouvoir obtenir la réduction de l'azotate d'argent par les *formiates*.

Remarques. — 1° Si le mélange ne contient qu'une faible quantité de carbonates, l'addition d'acide sulfurique pourra ne pas produire de dégagement gazeux, l'acide carbonique restant dissous, mais il suffira de chauffer et de diriger les gaz dégagés dans l'eau de chaux, pour en constater la présence. Cet essai doit toujours être fait lorsque la liqueur primitive n'est pas acide et qu'on n'a pas constaté de dégagement gazeux.

2° La recherche simultanée des hyposulfites et des sulfites est fondée sur les réactions indiquées page 130. On neutralise, par l'acide sulfurique étendu, la solution primitive, si elle est alcaline. On peut, du reste, ajouter un très léger excès d'acide dans une liqueur contenant un hyposulfite en même temps qu'un sulfite, sans que cette addition détermine un précipité de soufre (89, p. 131).

3° En présence de l'acide azotique libre ou mis en liberté par l'acide sulfurique, l'acide formique pourrait être oxydé avec production d'acide carbonique et de vapeurs nitreuses. La recherche de cet acide dans ce cas devra être faite sur la liqueur assez faiblement acidulée pour qu'elle ne rougisse pas l'orangé n° 3, tout en ayant une réaction acide au tournesol.

113. Le deuxième tableau est relatif à la recherche des acides minéraux fixes, ou moins volatils, pouvant former avec les erres des sels insolubles (y compris l'acide oxalique). Ces acides seront recherchés soit dans la liqueur primitive (LP), soit dans la portion réservée à cet effet (p. 100) de la liqueur filtrée (LS) obtenue dans la recherche des métaux après la précipitation par l'hydrogène sulfuré.

Recherche des acides dans un mélange de sels dissous.

ACIDES MINÉRAUX FORMANT DES SELS TERREUX INSOLUBLES

Ajouter à une p. de LP (1) *HCl dilué* et $BaCl^2$ (ou s'il y a Pb, Ag ou Hg au min. de l'*ac. azotique dilué* et de l'*azotate de Ba*). — Il se forme un *précipité*.
Faire bouillir ce précipité dans un vase de platine avec une sol. de *carbonate de K*; évaporer la liq. filtrée à sec, après addition d'un excès de *HCl*, dans une capsule de porcelaine, reprendre par l'eau. La liq. donne avec un *sel de Ba* un pr. insoluble dans HCl dilué (2). **Sulfates.**

Chauffer légèrement avec du *molybdate d'amm.* 2 ou 3 gttes de LS (après destruction, s'il y a lieu, des matières organiques). — *Précipité jaune* . . . . **Phosphates.**

En l'absence de l'ac. phosphorique, rechercher l'ac. oxalique sur une p. de LS (avant destruction, s'il y a lieu, des mat. org. et peroxydation du fer), en versant $CaCl^2$. S'il se produit un précipité (silicate, fluorure, sulfate), en ajouter un excès. Dans la liq. restée limpide ou filtrée, verser un excès d'*acétate de Na*. — *Précipité blanc*, ténu, se formant lentement.
En présence de l'ac. phosphorique, ou même en l'absence de cet acide, et si on n'a pas eu de résultat positif dans l'essai précédent (3), ajouter à une p. de LS un grand vol. d'une sol. de *carbonate de Na*; ajouter un excès de *NaS* et faire bouillir dans une capsule de porcelaine la liq. avec le précipité, de manière à réduire à un petit vol. Filtrer. Rechercher l'ac. oxalique comme plus haut avec $CaCl^2$ et de l'acétate de Na . . . . **Oxalates.**

Sur une p. de LP, on caractérise l'ac. silicique par la production de fluorure de silicium, avec *$CaFl^2$ précipité* et *SO^4H^2*, dans un *creuset de platine* (p. 138).
Une partie additionnée de *HCl*, évaporée à sec et reprise par l'eau acidulée laisse un résidu insoluble de silice. . . . . **Silicates.**

Une p. de LP ou de LS donne du fluorure de silicium dans un creuset de porcelaine avec de la *silice* ou un *silicate* et *SO^4H^2* (p. 140). . . . . **Fluorures (4).**

Évaporer à sec une p. de LS. Ajouter au résidu *SO^4H^2* et de l'*alcool méthylique* et enflammer. Flamme verte . . . . **Borates.**

(1) LP et LS désignent la liq. prim. et la liq. filtrée obtenue après le traitement par *H^2S*.

(2) Ce dernier essai sera inutile si la recherche de l'ac. silicique donne un résultat négatif, et la production d'un pr. barytique insol. dans HCl pourra suffire pour caractériser l'ac. sulfurique. — En présence de l'ac. silicique, il pourra rester dans l'essai un résidu de silice insoluble dans l'eau et dans les acides formé par une p. de la silice.

(3) Voir la 2e remarque.

(4) Et **Hydrofluosilicates**, si l'on trouve en même temps de la *silice*.

Remarques. — 1° La recherche de l'*acide phosphorique* ne pourra être faite sur la liqueur primitive qu'en l'absence de l'acide arsénique.

La réaction du molybdate d'ammoniaque étant empêchée par beaucoup de substances organiques, on devra, s'il y a lieu, détruire au préalable ces dernières dans la liqueur filtrée après le traitement par l'hydrogène sulfuré.

2° L'*acide oxalique* pourra être recherché, soit dans la liqueur primitive soit dans la liqueur traitée par l'hydrogène sulfuré, avant la destruction des matières organiques, si cette destruction doit être faite, ainsi qu'avant la peroxydation du fer par l'acide azotique qui ferait disparaître l'acide oxalique, si le mélange contenait du manganèse.

Dans le cas où le mélange contient à la fois du chrome à l'état d'acide chromique et de la baryte, la recherche de l'acide oxalique ne pourra être faite sur la liqueur primitive, le chromate de baryte étant insoluble dans l'acide acétique, mais seulement dans la liqueur acide où l'acide chromique a été réduit par l'hydrogène sulfuré et transformé en sel de sesquioxyde de chrome.

Lorsque le premier essai indiqué dans le tableau pour la recherche de l'acide oxalique a donné un résultat négatif, pouvant être dû à l'influence des sels contenus dans le mélange (p. 136), on peut avant de passer au second essai, voir s'il y a lieu de rechercher cet acide, en chauffant une partie de la liqueur avec de l'eau régale étendue et un sel de manganèse. Le second essai ne sera fait que si l'on constate ainsi un dégagement d'acide carbonique.

3° L'*acide borique* ne pourra être recherché dans la liqueur primitive par la coloration de la flamme, qu'en l'absence du cuivre.

114. Le troisième tableau est relatif aux hydracides et aux acides oxygénés du chlore.

L'élimination des acides qui figurent dans le tableau précédent n'étant pas nécessaire pour la recherche des *chlorures*, *bromures* et *iodures*, on pourra le plus souvent, après avoir constaté, sur une portion, la production, par l'*azotate d'argent* d'un précipité insoluble dans l'*acide azotique*, se dispenser de précipiter la totalité des hydracides à l'état de sels d'argent et de les régénérer ensuite, comme on le fait généralement. Il sera plus simple de les rechercher directement dans la liqueur primitive. Cependant la précipitation préalable à l'état de chlorure d'argent pourra être utile pour la recherche des *chlorures*, en présence des bromures et iodures, lorsque la liqueur contiendra des quantités notables de sels ammoniacaux ou des composés organiques.

L'élimination des hydracides à l'état de sels d'argent est au contraire nécessaire pour la recherche des *acides chlorique* et *perchlorique*.

Parmi les acides que nous avons déjà eu à rechercher d'après le premier tableau, la présence d'un certain nombre peut gêner la recherche des acides qui figurent dans le troisième tableau.

L'*acide sulfhydrique* donnerait avec l'azotate d'argent un précipité noir de sulfure; de plus, une proportion notable de sulfures pourrait être une cause d'erreur dans la recherche des bromures et des iodures. On l'éliminera facilement, en faisant bouillir la liqueur primitive, après addition d'acide sulfurique ou azotique.

L'*acide sulfureux* et l'*acide hyposulfureux* présenteraient le même inconvénient que le précédent pour la recherche des bromures et des iodures. En outre, les hyposulfites donnent avec les sels d'argent un précipité se transformant rapidement en sulfure noir. On les éliminera de la même manière, si on les a déjà caractérisés, en prolongeant un peu plus l'ébullition, et en séparant par filtration le soufre mis en liberté dans le cas des hyposulfites.

On devra également éliminer l'*acide cyanhydrique*, qui donne avec les sels d'argent un précipité insoluble dans l'acide azotique étendu. En outre, la présence d'une grande proportion de cyanure pourra empêcher la recherche du chlore, en présence du brome et de l'iode. Il sera facile de chasser cet acide si l'on n'a affaire qu'à des cyanures simples, par évaporation suffisamment prolongée du liquide essayé, additionné d'acide sulfurique, ou, si le mélange contient des *ferro* ou *ferricyanures*, en recueillant le liquide distillé après addition d'acide sulfurique, jusqu'à ce qu'il commence à se dégager des vapeurs d'acide sulfurique, ajoutant de l'eau dans la cornue et distillant de nouveau ; les liqueurs distillées réunies sont enfin concentrées par évaporation. — Dans le cas du *cyanure de mercure*, on opérera sur une portion de la liqueur réservée après le traitement par l'hydrogène sulfuré, dans la recherche des métaux (p. 100), l'acide cyanhydrique y est contenu à l'état libre et sera facilement chassé par l'ébullition.

Les *sels ammoniacaux* et les *composés organiques* tels que l'acide tartrique ne gênent pas la recherche des bromures et des iodures, et, en l'absence de ces derniers, n'empêchent pas de caractériser les chlorures par la production de chlorure d'argent insoluble dans l'acide azotique ; mais si l'on a à rechercher le chlore en présence du brome et de l'iode, la présence d'une quantité notable de ces corps peut empêcher la mise en liberté du chlore par le permanganate de potasse. Pour cet essai, on pourra, dans ce cas, séparer l'acide chlorhydrique à l'état de chlorure d'argent, et le régénérer en traitant ce dernier par l'hydrogène sulfuré, ou bien opérer sur une portion de la liqueur débarrassée des matières organiques et des sels ammoniacaux par évaporation et calcination, après addition de carbonate de soude.

Recherche des acides dans un mélange de sels dissous.

HYDRACIDES ET ACIDES OXYGÉNÉS DU CHLORE

A quelques gouttes de la liq. prim. complètement débarrassée, s'il y a lieu, des *ac. sulfhydrique, sulfureux, hyposulfureux* et *cyanhydrique*, ajouter un excès d'*acide azotique* et de l'*azotate d'argent*. S'il se forme un *précipité*, on a à rechercher dans cette liqueur les acides *iodhydrique, bromhydrique* et *chlorhydrique*.

Ajouter du *sulfure de carbone* à une p. de la liq. contenue dans un tube et verser goutte à goutte de l'*eau de chlore*, en agitant ; dès la première goutte, le sulfure prend une coloration violette après agitation. . . . . **Iodures**

Le sulfure de carbone ne se colore pas en violet, mais en brun. **Bromures**

S'il s'est produit une coloration violette, continuer à ajouter de l'*eau de chlore*, goutte à goutte, en agitant fortement ; la coloration violette devient plus intense, puis, plus claire, et le sulfure de carbone ne se décolore pas, comme cela a lieu dans les iodures seuls, mais la teinte violette est remplacée par une teinte brune . . . . **Bromures (¹) et Iodures**

Recherche de l'*acide chlorhydrique*.

- en l'*absence* des *bromures* et *iodures*. — La présence de l'*ac. chlorhydrique* est caractérisée par la production déjà constatée d'un pr. par l'*azotate d'Ag* en liq. azotique.
- en *présence* des *bromures* et *iodures*.
  - et en l'*absence* de q. notables de *sels ammoniacaux* et de *comp. organiques*. — Prendre environ 10 cc. de la liq. ou en amener une p. à ce volume par évaporation ou par dilution. Distiller avec 5 cc. d'un mélange à vol. égaux d'*ac. sulfurique* et d'eau et 10 cc. d'une sol. saturée de *permanganate de K*. Les produits dégagés sont recueillis dans une sol. acide d'*aniline* et d'*ortholuidine* (p. 146). Coloration violette ou noire.
  - et en *présence* de q. notables de *sels ammoniacaux* et de *comp. organiques*. — Faire le pr. d'argent avec une p. de la liq. additionnée d'ac. azotique ; le séparer par un filtre, (en conservant la liq. pour la recherche de l'*ac. chlorique*), le laver et le traiter par H^2S. Chasser l'excès de ce dernier par l'ébullition, filtrer, concentrer la liq. de manière à la réduire à environ 10 cc. et continuer comme dans le cas précédent . . . . . . **Chlorures**

Après avoir, s'il y a des *chlorures, bromures* et *iodures*, ajouté à une p. de la liq. de l'*ac. azotique* et un excès d'*azotate d'Ag*, et filtré (²) ajouter un petit excès de *carbonate de Na*, filtrer, évaporer et calciner le résidu, reprendre par l'eau, saturer par l'*ac. azotique* et ajouter de l'*azotate d'Ag*. → *Pr. blanc* . . . . **Chlorates (³)**

(¹) Si le résultat est douteux, opérer ainsi qu'il a été dit p. 152.
(²) Si l'on a eu à rechercher les *chlorures* en présence des *bromures et iodures* et des *sels ammoniacaux* ou des *comp. organiques*, on se servira de la liq. filtrée après précipitation par l'*azotate d'Ag* et réservée pour cet usage.
(³) Ou **Perchlorates**, si la liq. prim. n'est pas colorée par l'ac. sulfurique concentré.

115. — Recherche des acides dans un mélange de sels dissous.

ACIDES FORMÉS PAR LES OXYDES DES MÉTAUX DÉJA CARACTÉRISÉS DANS LA RECHERCHE DES BASES

(Les acides de ce tableau ne sont à rechercher que si l'on a déjà caractérisé, dans la recherche des bases, As, Cr, Mn ou des métaux formant des oxydes indifférents tels que *Sn*, *Sb*, etc. — En outre, les acides du *chrome* et du *manganèse* ne seront recherchés que si leur présence est indiquée par la coloration de la liq. prim. et de la liq. obtenue après le traitement par le *carbonate de Na*).

La liq. prim. acidulée a donné par H^2S du *sulfure d'arsenic*.	immédiatement . .	**Arsénites**
	la précipitation a dû être terminée à chaud.	**Arséniates**
Si la liq. prim. précipite par le *carbonate de Na*, en verser un grand excès dans une p. Faire bouillir qq. minutes et filtrer, ou mieux, séparer la liq. par décantation, s'il y a Mn. — Si la liq. ne précipite pas, ajouter un petit excès de carbonate de Na, si elle n'a pas une réaction alcaline.	La liq. alcaline est *verte* et *rougit* par les *acides*, ou *rouge vif* et *verdit* à chaud par les *alcalis*. Chauffée avec de l'alcool, elle donne de l'*oxyde salin de Mn* et *se décolore*	**Manganates** **Permanganates** (1)
	La liq. alcaline est *jaune*; l'*alcool* ne la réduit pas à chaud, mais seulement après addition d'un excès de SO^4H^2. Chauffer le mélange. Coloration *violette* ou *verte* des sels de Cr^2O^3. — Une p. de la liq. alcaline, additionnée d'un excès d'*azotate de Pb*, d'un excès de *soude* et filtrée donne, par addition d'un excès d'*ac. acétique*, un pr. jaune de *chromate de plomb*	**Chromates**
	La liq. alcaline est *verte*, ou *rouge*, ou *rouge orangé*; à chaud, l'alcool donne de l'*oxyde salin de Mn* et une liq. *jaune*, qui, après filtration, donne les réactions précédentes de l'*ac. chromique*	**Chromates et Manganates ou Permanganates**
Si on a trouvé CrO^3, rechercher Cr^2O^3 sur une p. de la liq. prim. acidulée par l'*ac. acétique*, si elle est alcaline, additionnée d'*acétate de Na*, si elle est acide. Ajouter un *sel de plomb* en excès, et filtrer; Cr^2O^3 passe dans la liqueur, séparé de CrO^3. .		**Sesquixoyde de chrome**
La liqueur primitive n'est pas acide; elle est généralement alcaline, et on a trouvé *Sn au max.*, *Sb*, *Al*, *Zn*. Ces métaux existent à l'état de *stannates*, *antimonites* ou *antimoniates*, *aluminates*, *zincates*. Il sera inutile dans les résultats de l'analyse de les désigner autrement que par leurs oxydes (p. 122) . . .		**Sels formés par les oxydes indifférents**

(1) On distinguera les deux acides d'après la couleur de la liq. prim. — Les *manganates* ne peuvent exister dans une liq. acide. — Le manganèse à l'état de *sel de protoxyde* ne peut exister dans une sol. en même temps que les ac. manganique et permanganique.

Remarques. — 1° S'il y a à la fois, dans une liqueur acide, des *sels de baryte* et de l'acide chromique, le carbonate de soude déterminera d'abord une précipitation de chromate de baryte, mais ce dernier sera très rapidement transformé, par l'ébullition avec un *excès* de carbonate alcalin, en carbonate de baryte et en chromate alcalin. Si les liqueurs sont étendues, on les concentrera, en prolongeant l'ébullition après addition de carbonate de soude.

2° S'il y a à la fois des *sels de plomb* et de l'acide chromique, ce qui ne peut avoir lieu que dans une liqueur alcaline ou très acide, il pourra se précipiter d'abord du chromate de plomb. Après une ébullition de quelques minutes en présence d'un *excès* de carbonate alcalin, l'acide chromique entrera en solution, soit tout entier à l'état de chromate alcalin, si l'ébullition a été assez prolongée pour que tout le plomb soit précipité à l'état de carbonate, soit en partie à l'état de chromate alcalin, en partie à l'état de chromate de plomb dissous dans le carbonate alcalin. La présence du chromate de plomb dissous dans la liqueur ne gênera pas la recherche de l'acide chromique.

3° Le traitement des sels métalliques par un excès de carbonate alcalin effectué dans la recherche des acides chromique, manganique, permanganique, ne détermine pas une précipitation complète des oxydes basiques, par suite de la formation de carbonates doubles, un peu solubles dans l'eau, et dont la présence est généralement indiquée par la coloration de la liqueur filtrée. La précipitation complète des oxydes basiques ne serait obtenue qu'après la neutralisation exacte par un acide. Cette neutralisation doit être faite avec précaution, en n'ajoutant à la fin que de l'acide dilué, goutte à goutte, dans la liqueur bouillante; il est bon de conserver quelques gouttes de liqueur alcaline, que l'on ajouterait si l'on avait légèrement dépassé la saturation. On obtient ainsi, après une deuxième filtration, une liqueur complètement débarrassée des oxydes basiques. Cette neutralisation exacte n'est pas indispensable et, même, dans le cas de la présence simultanée du plomb et de l'acide chromique, il vaut mieux ne pas l'effectuer, car si l'action du carbonate alcalin n'a pas été très prolongée, la liqueur alcaline peut contenir en solution du chromate de plomb non transformé en carbonate, qui se séparerait pendant la neutralisation.

En présence des *acides organiques*, tels que l'acide tartrique, citrique, etc., et de beaucoup de *composés organiques*, un assez grand nombre de métaux, tels que l'antimoine, le mercure, le platine, le bismuth, le cuivre, le fer, le chrome, l'aluminium, le nickel, le cobalt, ne sont pas précipités ou sont précipités incomplètement par les carbonates alcalins. On ne devra donc pas, s'il y a des substances carbonisables, s'étonner de retrouver ces métaux dans la liqueur traitée par le carbonate de soude. Mais leur présence n'empêche pas la recherche de l'*acide chromique*, surtout par la production de chromate de plomb. Cet acide, du reste, ne pourra guère exister dans ce cas, que dans une liqueur primitive alcaline. — Quant aux *acides du manganèse*, ils ne peuvent, en présence des substances organiques, exister, du moins au bout d'un certain temps, ni en liqueur acide, ni en liqueur alcaline.

116. — On recherchera enfin les acides organiques (*tartrique, citrique*), lorsque les essais préliminaires auront montré dans le mélange primitif la présence de composés organiques carbonisables.

Cette recherche se fait fréquemment en séparant ces acides sous la forme de précipités barytiques ou plombiques. Nous avons vu (p. 154 et 160) que cette précipitation, surtout celle du sel barytique, est empêchée par une quantité un peu notable de tous les sels métalliques, alcalins et ammoniacaux. En outre le tartrate et surtout le citrate de baryte ne sont pas précipités en liqueur très diluée, même en l'absence de sels étrangers pour le citrate. On obtient donc toujours un résultat absolument négatif dans la recherche des acides tartrique et citrique, s'ils se trouvent en petites proportions et en présence d'une assez grande quantité de sels étrangers, et les procédés de séparation de ces acides par précipitation directe ne donnent de résultat que dans les cas où ces acides pourraient généralement être caractérisés sans séparation préalable, dans le mélange primitif.

Nous en ferons donc la recherche directement quand la liqueur ne contiendra pas de corps empêchant complètement leurs réactions, et si l'essai ne donne pas de résultat, nous chercherons, non à les isoler dans un précipité de tartrate ou de citrate défini, mais à éliminer les corps dont la présence, si elle n'empêche pas la recherche de ces acides, lorsqu'ils sont en proportion assez grande, la gênent plus ou moins, quand cette proportion diminue.

Nous effectuerons cette élimination par un procédé qui peut servir également à l'extraction de petites quantités d'acides tartrique et citrique, fondé sur la solubilité des sels terreux de ces acides dans les sels ammoniacaux, et de l'insolubilité toute spéciale des sels basiques qu'ils peuvent former à chaud, en présence d'un excès de chaux et en l'absence de sels ammoniacaux.

Nous caractériserons l'acide tartrique par la production de la *crème de tartre* (p. 157) et par la réaction de Mœhler (p. 158) ; l'acide citrique, par le procédé Denigès (p. 161).

Si la liqueur contient des métaux précipitables en liqueur acide par l'hydrogène sulfuré, on les élimine au préalable. Les essais peuvent être faits d'une manière plus ou moins rapide, suivant la nature et la proportion des corps qui restent dissous après le traitement par l'hydrogène sulfuré, et qui peuvent empêcher la précipitation de la *crème de tartre* (sels étrangers), ou la réaction colorée donnée par la *résorcine* et l'*acide sulfurique* (acide nitrique, oxalique, sels de fer), ou la production de l'*acide acétone dicarbonique* et de sa combinaison avec le *sulfate mercurique* (sels de chrome, de nickel, de cobalt, de manganèse, quantité notable de nitrates, grande proportion de sels ammoniacaux).

Recherche des acides dans un mélange de sels dissous.

ACIDES ORGANIQUES

(La liqueur contient des produits *carbonisables* par évaporation et calcination.)

On effectue la recherche sur la liq. acide séparée, dans la recherche des bases, des métaux précipitables par H^2S, débarrassée de H^2S par ébullition et avant la peroxydation du fer par l'ac. azotique.

A. — *En l'absence de Fe, Cr, Ni, Co, Mn.*

Acide citrique. — Si la liq. contient *HCl, HBr, HI* ou leurs sels, les éliminer par un excès de SO^4Ag^2 (après neutralisation par SO^4H^2, si elle est alcaline) et rechercher l'ac. citrique par le *procédé Denigès* (p. 161) dans la liq. filtrée. — S'il y a une grande q. de *sels ammoniacaux*, on élimine auparavant AzH^3 par la *soude*, à l'ébullition et l'on sature par un léger excès de SO^4H^2.

En présence d'une grande q. de *nitrates*, on les élimine, en même temps que les *chlorures, bromures, iodures*, de la manière suivante : si la liq. n'est pas acide, ou si elle est acide et si on a constaté sur une petite p. qu'elle ne précipite pas par $CaCl^2$, AzH^4Cl en grand excès, et AzH^3, on ajoute à une p. un excès de *chaux* éteinte et l'on porte à l'ébullition que l'on prolonge, s'il y a des sels ammoniacaux, en ajoutant de la chaux et, au besoin, de l'eau, *jusqu'à ce que toute odeur d'ammoniaque ait disparu*. Le pr. qui a pu se former, mélangé avec l'excès de chaux est séparé par filtration, lavé avec de l'eau de chaux bouillante ; s'il y a des chlorures, on prolonge le lavage jusqu'à ce que la liq. filtrée ne donne plus, après addition d'ac. azotique, qu'un trouble peu marqué avec le *nitrate d'Ag*. On le traite enfin par SO^4H^2 étendu, jusqu'à réaction acide, on filtre et l'on recherche l'ac. citrique dans la liq. Il est bon, auparavant, d'éliminer les dernières traces de chlorures, en agitant avec un peu de SO^4Ag^2 et filtrant. — Si la liq. est acide et précipite par $CaCl^2$, AzH^4Cl et AzH^3, on les ajoute en excès et l'on sépare le pr. que l'on conserve. Dans la liq. on recherche l'ac. citrique, comme dans le cas précédent, et si l'on a un résultat négatif, on le recherche également dans le pr. ammoniacal, dans lequel, si ce pr. est considérable, l'ac. citrique peut avoir été entraîné ; après l'avoir lavé pour enlever les nitrates et les chlorures, on le traite par un excès de SO^4H^2, on filtre et l'on recherche l'ac. citrique dans la liq.

Ac. tartrique. — On le recherche directement par la *réaction de Mœhler* (p. 158), en l'absence des *nitrates* et des *oxalates*. — S'il y a des nitrates ou des oxalates, et si l'on a procédé à la recherche de l'ac. citrique après élimination des nitrates, on fera l'essai sur une ou deux gttes de la liq. obtenue en traitant par SO^4H^2 le pr. calcique formé à chaud. (L'ac. tartrique se retrouve dans ce pr., même dans des cas où l'ac. citrique a été complètement entraîné dans le pr. ammoniacal.) — Enfin, on pourra essayer la réaction après avoir séparé l'ac. tartrique à l'état de crème de tartre, obtenue comme dans l'essai suivant.

Une p. de la liq. colorée par une trace d'*orangé n° 3*, est acidulée par SO^4H^2, si elle est neutre ou alcaline ou saturée partiellement si elle est très acide. On caractérise l'ac. tartrique par la production de *crème de tartre*, ainsi qu'il a été dit (p. 157) pour la recherche de petites q. d'ac. tartrique, et l'on en vérifie la nature par la *réaction de Mœhler*. — Si l'on a fait les sels basiques de chaux, on peut aussi faire l'essai de la même manière sur la liq. obtenue en traitant ces derniers par SO^4H^2 étendu. On procédera ainsi, particulièrement, pour caractériser l'acide tartrique par la production de crème de tartre, en présence de l'ac. *borique*.

B. — *En l'absence de Cr, Ni, Co, Mn, en présence de Fe.*

On recherche l'ac. *citrique* comme en A.

Pour l'ac. *tartrique*, on ne pourra pas le rechercher directement par la réaction de Mœhler, sans précipitation préalable à l'état de crème de tartre [1]. — La recherche par précipitation à l'état de crème de tartre se fera comme en A.

C. — *En l'absence de Cr, Mn, en présence de Fe, Ni, Co.*

On devra éliminer *Ni, Co* pour trouver l'ac. *citrique*. On les sépare en même temps que *Fe* par H^2S dans la liq. acide additionnée d'*acétate de soude* ; on vérifiera que la liq. filtrée ne précipite plus par H^2S, après add. d'une nouvelle q.

[1] On peut aussi éliminer le fer, comme en C, par H^2S en liq. acétique et essayer la réaction de Mœhler directement ou sur le pr. calcique, formé à chaud, comme en A.

d'acétate). On fait, comme en A, la recherche des *ac. tartrique* et *citrique*, après avoir chassé l'excès de H^2S (¹).

D. — *En présence de Cr, Mn.*

Ces métaux qu'il sera nécessaire d'éliminer pour rechercher l'ac. citrique, seront séparés en même temps que Fe, Ni, Co ; on ajoute à la liq. AzH^4Cl et AzH^3 ; on filtre, on lave le pr. de manière à enlever le plus rapidement possible *Mn*, avant son oxydation à l'air, avec production d'oxyde salin insoluble. Le pr. ammoniacal est conservé comme en A. On sépare ensuite le *fer* qui reste dans la liq et, en même temps *Mn, Ni, Co* par du *sulfhydrate d'amm.* et l'on recherche, comme en A, les ac. tartrique et citrique dans la liqueur acidulée par SO^4H^2, filtrée s'il s'est formé un pr. et débarrassée de H^2S par ébullition.

Si l'on ne trouve pas l'*ac. citrique* dans la liq. on le recherchera aussi dans le pr. ammoniacal.

(¹) On peut, même en l'absence de *Cr* et de *Mn*, séparer *Fe, Ni, Co* par AzH^3 et le *sulfhydrate d'amm.* comme en D, plus rapidement que par H^2S en liq. acétique, mais la séparation par H^2S a l'avantage de ne pas introduire de sels ammoniacaux, qui peuvent gêner pour la recherche directe de l'ac. citrique, et surtout de ne pas déterminer un pr. d'oxalates ou de phosphates qui, s'il est abondant, peut entraîner l'ac. tartrique et surtout l'ac. citrique.

La marche précédente permet de caractériser, dans un mélange, de très petites quantités d'acides tartrique et citrique. Si la proportion des sels étrangers est très considérable, surtout si ces sels sont de nature à donner un abondant précipité par le chlorhydrate d'ammoniaque et l'ammoniaque, on obtient des résultats encore plus précis en éliminant la plus grande partie de ces sels ; la liqueur réduite, par évaporation au bain-marie, à un petit volume, est acidulée, si elle n'est pas acide, par de l'acide sulfurique. On sépare, le lendemain, le précipité qui a pu se former et les cristaux qui se sont déposés et l'on fait la recherche des acides organiques dans la liqueur.

CHAPITRE XIX

RECHERCHE DES ACIDES DANS UN MÉLANGE DE SELS INSOLUBLES DANS L'EAU ET DANS LES ACIDES

117. On opère comme dans le cas d'un sel simple (ch. XVII). Sous l'influence des carbonates alcalins, les acides passent à l'état de sels alcalins et sont recherchés dans la solution filtrée.

TABLE DES MATIÈRES

ÉVREUX, IMPRIMERIE DE CHARLES HÉRISSEY

www.ingramcontent.com/pod-product-compliance
Ingram Content Group UK Ltd.
Pitfield, Milton Keynes, MK11 3LW, UK
UKHW020124200726
13856UKWH00002B/731

9 782011 903815